煤气灯效应

识别并摆脱情感操控

[美] 罗宾·斯特恩 (Robin Stern)◎著

郑文文◎译

THE GASLIGHT EFFECT

How to Spot and Survive
the Hidden Manipulation Others Use to Control Your Life

中国出版集团

中译出版社

THE GASLIGHT EFFECT: How to Spot and Survive the Hidden Manipulation Others Use to Control Your Life

Copyright © 2007, 2018 by Robin Stern

This edition published by arrangement with Harmony Books, an imprint of Random House, a division of Penguin Random House LLC

Simplified Chinese translation copyright © 2025 by China Translation & Publishing House
著作权合同登记号：图字 01-2024-2617 号

图书在版编目（CIP）数据

煤气灯效应 / （美）罗宾·斯特恩著；郑文文译 .
北京：中译出版社，2025. 1. -- ISBN 978-7-5001
-8015-9（2025.5 重印）

Ⅰ. B84-49

中国国家版本馆 CIP 数据核字第 2024LY5796 号

煤气灯效应

MEIQIDENG XIAOYING

著　　者：[美] 罗宾·斯特恩 (Robin Stern)
译　　者：郑文文
策划编辑：刘　钰　赵　铎
责任编辑：刘　钰　刘　畅
版权支持：马燕琦
推广策划：朱　晗

策划出品发行：果麦文化

出版发行：中译出版社
地　　址：北京市西城区新街口外大街 28 号普天德胜大厦主楼 4 层
电　　话：(010) 68002494（编辑部）
邮　　编：100088
电子邮箱：book@ctph.com.cn
网　　址：http://www.ctph.com.cn

印　　刷：天津丰富彩艺印刷有限公司
经　　销：新华书店
规　　格：1230 mm×880 mm　1/32
印　　张：10.75
字　　数：215 千字
版　　次：2025 年 1 月第 1 版
印　　次：2025 年 5 月第 3 次印刷

ISBN 978-7-5001-8015-9　　　　定价：79.00 元

致我众多的来访者、学生、指导过的年轻人，以及所有与我一同踏上摆脱煤气灯操控之旅的人：

向你们致以深深的谢意。你们都是我的老师。

致我的孩子们：

斯科特和梅丽莎，你们是我最特别的——"永远的礼物"。

重拾失去的力量和自尊

娜奥米·沃尔夫（Naomi Wolf），作家

生活中总有些不经意间的巧合，非奇妙无以形容。

当罗宾·斯特恩第一次告诉我她想写一本关于情感虐待的书时，我们正坐在公园的游乐场里看着我的孩子玩耍。游乐场外有一条蜿蜒曲折的小路。一个四五岁的小男孩紧跟在他的父亲身边，兴高采烈地沿着小路向前奔跑，突然一不小心被碎石绊倒，狠狠地摔了一跤。小男孩肯定摔疼了，但他强忍着没哭出来。他的父亲瞬间就变了脸色，一边厉声呵斥"你怎么回事？！"一边粗暴地拽起小男孩的一只胳膊让他站起来："你怎么这么笨！我跟你说了多少次，要小心点！"

那个瞬间太令人揪心了。一个父亲对待自己的孩子竟然如此冷漠，我们两个成年人都大为震惊，一时间不知道应该说点什么。然而，接下来的一幕更让人痛心，只见小男孩一点一点让自己冷静下来，试图弄明白父亲刚刚说的话。很显然，他在用自己的方式消化那些话，好让它听上去不那么刺耳。你仿佛能听到他

在心里嘀咕："是我太笨了。我难过不是因为父亲骂我，而是因为我没能听父亲的话。都是我的错。"

当下，我便鼓励斯特恩博士一定要坚持自己的想法，好好对待这个选题，把书写出来。我很高兴她真的付出了行动。情感虐待这个话题终于得到了应有的重视，近年来关于它的文章也越来越多了。如今，人们越来越能看清情感虐待的本质，而在一代人之前，同样的互动关系总是很容易就被社会所接受，永远不会跟"虐待"扯上关系，尤其是在抚养孩子方面，一旦冠上"爱之深、责之切"或"磨炼性格"的美名，一切行为就更加理所当然了。然而，斯特恩博士在《煤气灯效应》一书中关注和探讨的那种情感虐待要更特殊、更隐秘、更具有控制性，她开创性地凭借多年的临床实践，尤其是她对年轻女性情感健康的特别关注，将深切的共情和独特的洞察倾注在这项研究中。我很庆幸，她把丰富而宝贵的经验毫无保留地写进了这本书。

斯特恩博士的诊疗对象是数十名有头脑、有才华、有理想的年轻女性，她们中很多人的家庭幸福美满，自己却身陷各种形式的虐待关系中。斯特恩博士总能奇迹般地帮她们重拾失去的力量和自尊，从迷失的根源着手，帮她们渐渐找回原来的自己。这些年轻女性从她那里获得的宝贵智慧，如今所有读者都能有幸受益。斯特恩博士在书中分享了如何认清并摆脱这种隐秘的情感控制和虐待的方法，这对年轻女性来说是非常重要的，尤其是在她们需要保护自身情感健康、摆脱他人操控、选择能够促进个人发展的关系时，更加具有指导性。

目睹斯特恩博士指导、帮助了那么多年轻女性之后，我深切体会到她对"煤气灯效应"的洞察是多么伟大、多么具有治愈意义，但尽管如此，我并不认为这项研究的价值仅限于女性。无论男女，在他们还是孩子的时候，都曾遭受过成年人的情感虐待和控制。虽然本书中引用的斯特恩博士诊疗的大多数案例都是关于对女性的虐待，但我也看到无数男性在斯特恩博士讲到她正在致力于帮助更多人摆脱这种有害关系时，选择敞开心扉，描述内心的挣扎，并在听完她的分析后获得了一定的释放和自由。已经为人父母的成年人最该阅读这本书，我们伤害孩子自我认知或操控他们情感的方式往往是无意识的。每一对父母，无论多么用心良苦，都可能在不经意间伤害或者在情感上操控了养育的孩子。关于这一点，我们的认识越深刻，就越有利于下一代的成长。

所有遇到斯特恩博士这样的心理治疗师的读者，都是非常幸运的，她是如此真诚地关注来访者的情感成长和个人发展，倾注满腔的心血和热情写下了本书的每一页。更重要的是，每读一页内容，都能让我们更加理解公园里那个小男孩的处境，更加懂得那些跟他产生共鸣的成年人。

这本书将帮助更多人重拾自尊和力量。

警惕你身边的煤气灯操控者

　　如今，我们似乎每隔一两天就会听到"煤气灯操控者"这个词。手指轻轻一点，就能迅速在网上找出一大堆相关文章。比如"与煤气灯操控者交往的八个迹象""煤气灯操控者清楚自己在干什么吗？""煤气灯操控：每个人都该了解的心理游戏"等。美国城市词典中收录了"煤气灯操控者"的定义。

　　然而，2007 年我在写《煤气灯效应》这本书的时候，这个词几乎还没人知道，尽管这种现象在当时已经非常普遍。我在书里写道：煤气灯操控是一种情感控制，操控者试图让你相信你记错、误会或曲解了自己的行为和动机，以此在你的意识里播下怀疑的种子，让你变得脆弱不堪、迷茫困惑。煤气灯操控者可以是男性或女性、伴侣或恋人、老板或同事、父母或兄弟姐妹，他们的共同点就是能让你怀疑自己对现实的认知。煤气灯操控一定是两个人共同的"杰作"——其中，煤气灯操控者负责播种困惑和疑虑，而被操控者为了能让这段关系继续，不惜怀疑自己的认知。

　　在我看来，煤气灯操控的本质恰恰就是这种双方共有责任。

它不只是一种简单的情感虐待，而是双方共同打造的一种关系，我称之为"煤气灯探戈"，因为它离不开两个人的积极参与。没错，煤气灯操控者促使被操控者怀疑自己对现实的认知，与此同时，被操控者也渴望得到操控者的认可，希望对方能认同自己眼中的自我形象。

"你可太粗心了。"煤气灯操控者可能会这么说。而被操控者并不会随意一笑，轻松回应一句"我想那是你的看法"，她一定会执意强调："我没有！"因为她太在乎操控者对自己的看法了，在说服对方相信自己并不粗心之前，她一定不会善罢甘休。

"我不明白你花钱怎么能这么大手大脚。"煤气灯操控者可能会这么说。没被煤气灯操控的人也许会随口说一句："这有什么，人跟人不一样，钱是我的，我做主。"然后继续该干什么干什么。但是被操控者可能会花上好几个小时进行痛苦的自我反思，迫切地想知道对方说的到底是不是真的。

我在本书的第 1 章写道：

> 煤气灯效应一定发生在一段双人互动关系中：一方是煤气灯操控者，需要确保自己凡事都正确，以此维护自我认知和在世界中的权力控制；另一方是被操控者，她默许煤气灯操控者来定义她的现实世界，把对方过度理想化，总是渴望得到对方的认可……
>
> ……………
>
> ……哪怕你的内心有一丝一毫觉得自己不够好，觉得自

己需要得到操控者的爱或认可才完整，你就很容易受到煤气灯效应的影响。煤气灯操控者会利用这种弱点，让你一次又一次地怀疑自己。

　　有时被操控者面临的"惩罚"不只是简单地被否定。也许她和煤气灯操控者共同抚养孩子，她却认为自己无论从经济上还是情感上都没有能力做好单亲妈妈。又或者煤气灯操控者是一位老板，被操控者害怕一旦质疑老板或申请离职，就会给自己的职业生涯带来不良影响。再或者煤气灯操控者是被操控者的亲戚或多年好友，被操控者害怕在家庭或社交圈里遇到麻烦。煤气灯操控者甚至会用一连串的侮辱、自杀、争吵等方式——我称之为"情感末日"，来威胁被操控者，让被操控者惶恐不安，以至于几乎愿意牺牲一切去避免经历"末日"。

　　无论惩罚形式怎样，煤气灯操控都离不开双方的共同参与。煤气灯操控者要对他的行为负责，而被操控者也脱不开干系，其弱点在于将对方理想化，渴望得到对方的认可，为了维持这段关系不惜付出一切代价。①

　　双方共同参与其实是好消息，因为它意味着被操控者亲手握着禁锢自我的钥匙。一旦弄清楚状况，她完全可以勇敢、果断地拒绝煤气灯操控者对现实的疯狂扭曲，坚守自我认知。当她相信

---

① 然而，如果煤气灯操控者进行肉体虐待或以此为威胁，被操控者就多了一个弱点。这时她更要紧的是保护自己和孩子的人身安全，根本顾不上考虑如何停止被对方操控。

自己的看法时，就不再需要赢得任何人包括操控者的认可。

当我们从恋爱、友谊、工作和家庭等不同层面来审视煤气灯操控的时候，我仍然确认这种关系的组成方式基本是固定的。煤气灯操控的本质是"煤气灯探戈"，这支舞要想跳起来，离不开两个人的参与和配合。

界定"煤气灯效应"

这本书的创作灵感来自我的来访者、朋友和我自己的生活中无处不在的煤气灯操控现象。通过反复观察，我发现煤气灯效应是一种有害的相处模式，它会瓦解一个人的自尊，即便是最自信的女人也逃不过它的魔掌，而我第一段婚姻失败也跟它有关。我接触到的那些被操控者，无论是患者还是朋友，个个能力突出、事业有成、魅力十足，但不幸的是，她们都陷入了某种煤气灯操控关系，其中有些人在家里，有些人在工作中，也有些人在与亲戚的相处中。她们的自我认知被一点一点吞噬，却似乎总是无力抽身。

即使是在煤气灯操控程度最浅的时候，也会使被操控者不安，质疑自己为何总是出错的一方，或者为何伴侣明明看起来是好人，但自己在这段关系里就是开心不起来；而煤气灯操控程度最深的时候，会直接导致严重的抑郁症，使曾经坚强、充满活力的女性深陷极端的痛苦和自我憎恨之中。无论哪一种，不管是我在诊疗患者的时候，还是在自己的生活中，都屡见不鲜，煤气灯操控引发的自我怀疑和自我麻痹的程度让我感到触目惊心。

　　于是，我尝试找到一种方式来定义这种特殊的情感虐待模式，因为目前大众文化和专业文献里暂时还未提及。在看了1944 年上映的电影《煤气灯下》后，我突然找到了灵感。这部电影由英格丽·褒曼、查尔斯·博耶和约瑟夫·科顿主演。在影片里，博耶扮演的男主人公一步一步地诱导褒曼扮演的女主人公，让她相信自己快要疯了。他先是给了她一枚胸针，亲眼看着她放进手提包里，然后偷偷地把它拿走，接着再去问她要这枚胸针。女主人公清楚地记得自己放进包里了，结果却怎么也找不到，她因此焦虑不安。这时男主人公说："亲爱的，你可真健忘呢。"一开始女主人公会本能地回复："我并不健忘。"但没过多久，她就开始相信男主人公的看法，也许她真的健忘，转而不再相信自己的记忆和认知。

　　在影片里，男主人公为了霸占女主人公继承的巨额遗产，想方设法诱导她变疯——让她反复怀疑自己的认知，女主人公眼看就要真的被逼疯了。在现实生活中，煤气灯操控者很少对自己的行为有如此清晰的认知。通常情况下，煤气灯操控者先是扭曲对被操控者的看法，而被操控者日复一日渐渐相信了操控者所说的话，他们会同时不由自主地陷入这场致命的"煤气灯探戈"。目前我还未发现任何一本专门探讨这种特殊的情感虐待模式的书，或者说，至少还没看到哪本书公开、正面地研究了这种现象，给受害者提出具体建议，帮助她们打破魔咒，重拾自尊。所以，我斗胆给这种现象起了名字，写了这本书，并获得了超乎想象的强烈反响。

一位又一位来访者接连出现在我的办公室，说我的书里写的完全就是她们的处境。"你怎么会知道我的遭遇？我还以为只有我自己有这样的经历呢！"她们这样说。很多我原本以为过得很幸福的朋友也坦言，她们正在被煤气灯操控，或者曾经在工作中、在家里被操控过。我的同事都感谢我给这种新的情感虐待命了名，现在才能更方便地跟来访者交流。这种之前未被命名的情感虐待似乎远比我想象的更加常见。

本书出版后不久，我跟我的同事马克·布拉克特一起担任了脸书 ① 的顾问，他是耶鲁大学情绪智力中心的主任。那时社交网络刚起步，脸书的工作人员担心它会成为网络霸凌弱势群体的渠道。为了能够制订一个网络协议，用来上传和处理包括散播谣言、恶语谩骂、跟踪骚扰和威胁恐吓在内的各种霸凌行为，马克和我先后采访了数十名青少年和成年人。

在脸书工作的这段时间，以及在美国各所学校讲授情绪智力的过程中，我们发现了更多煤气灯操控带来的恶劣影响。马克和我无数次听到青少年诉说自己被不止一个人，而是几十个人进行煤气灯操控的案例，而这些人都是他们现实生活中或者脸书上的朋友。一位年轻女性因为说了几句奚落的话把朋友惹怒了，反而在网络上吐槽朋友"太敏感"，接着有二三十个人给她点了赞，还回复了更恶毒的评论。如此一来，煤气灯操控的毁灭性效果便

---

① 2021 年 10 月 28 日，马克·扎克伯格宣布脸书更名为 Meta。——编者注

被加倍放大了——受害者不但要遭受煤气灯操控者的控制，还要背负"所有认识的人"以及数不清的陌生人都认为自己"太敏感"的心理压力。

最终，我们在脸书上创建了霸凌预防中心，为青少年提供了一个反馈情感虐待行为的渠道，这也成为一个能够开启教育工作者和家长之间网络对话的平台。在整个过程中，我发现霸凌者最喜欢用的武器就是煤气灯操控，这让我大为震惊。煤气灯操控最糟糕的地方就是它很难被发现——你会莫名其妙地开始困惑，陷入自我怀疑，但并不知道为什么。为什么你会突然质疑自己？为什么一个"明明"对你很好的人却让你感觉如此糟糕？

事实上，煤气灯操控是一种非常隐秘的霸凌行为，操控者大多来自身边的伴侣、朋友或家人。他们打着爱你的旗号在暗中控制你。你能感觉到哪里不对劲，但又说不出来。煤气灯操控形容的就是这种类型的虐待，它能帮你看清你的男朋友、某位亲戚，或者所谓的闺蜜究竟对你怎么样。马克和我时常对学生说："你必须先找到问题根源，才能对症下药。"

新闻中的煤气灯操控

本书出版后的几年间，我时不时地会在一些文章里看到"煤气灯操控"这个词。例如，英国《时事周刊》（*The Week*）中有一篇关于《猎杀本·拉登》的影评，里面把影片中呈现出的一些盘问技巧称为"煤气灯操控"。狱中的一位资深审讯官义正词严地指出一些子虚乌有的事，诱导囚犯怀疑自己的记忆是否退化。审讯官很清楚，用不了几件事，他就会被动摇，质疑自己的现实感。可见，煤气灯操控会扭曲一个人的心智，其破坏程度比起身体虐待有过之而无不及。

与此同时，越来越多的博文开始把煤气灯操控和霸凌行为联系起来，涉及的不仅包括私人之间的情感交往，还有职场中的人际关系。戴维·山田在他的博客"职场万象"里写道："煤气灯操控算不算是职场中的一种性别霸凌呢？"另外，不少恋爱交友、情感自助类博客也都探讨了识别和对抗煤气灯操控者的重要性。甚至连维基百科上也出现了"煤气灯操控"的词条，我的书作为推荐的拓展阅读赫然在列。

再读《煤气灯效应》

当出版商跟我说他们想再版《煤气灯效应》的时候，我认为这是个很好的契机，可以重新审视自己 2007 年完成的作品。结合这些年做心理治疗师、给脸书当顾问、在耶鲁大学情绪智力中心教学的经历，现在再看这本书会不会有什么不一样？

于是，我把书重读了一遍，在此很高兴地向大家汇报：书中的内容完全没有过时，我甚至觉得它不需要做任何修改。比起 2007 年，更让我感慨的是，一个人越自信，或者更确切地说越自恋，就越能自如地坚守自己的现实感，无论有多少人质疑他所坚持的事实。这种自恋在我们认真审视、关注他人世界观的时候，能起到很好的自我保护作用。当别人有不同意见时，自恋的人很可能会发怒，很多煤气灯操控者就是如此，但这种愤怒并不是因为他们怀疑自己的正确性，而是因为他们无法忍受不能完全掌控他人的感觉。这同时也意味着，你不可能对一名煤气灯操控者进行煤气灯操控，或者至少因为你们在需求程度上有很大不同，所以你很难对一名煤气灯操控者进行煤气灯操控。

而我们这些平凡的普通人，要坚持自己的世界观就更困难了。我们会质疑自己是否确信亲耳听到或亲眼看到的事。我们的自卑和自我意识会成为我们的弱点，而自恋的人就不会有这种困扰。此外，"旁观者清"是我们从小就接受的一种教育观念。当我们频繁听一个人说"黑即是白"或者"上即是下"的时候，确实很难做到不怀疑自己，也许别人知道得更多呢。

在《煤气灯效应》一书里，我分享了一种补救方法，如今看起来依然有效。我称之为"向你的'空中乘务员'求助"。在飞机上，你可以通过观察乘务员的表现，判断刚才的颠簸只是暂时的气流不稳，还是预示着一场严重的空难即将到来。同理，在日常生活中，你的"空中乘务员"能帮你看清你的男朋友只是经历了糟糕的一天，还是在继续实施他的情感虐待。当你开始怀疑自己对现实的认知时，你的"空中乘务员"——朋友、家人，甚至心理治疗师，可以帮你做出准确的评估。

在政治或社交领域也是如此，面对煤气灯操控，我们可以互为彼此的"空中乘务员"。我们需要共同寻找可靠的信息源和相关分析，获取对我们有利的事实。没有谁能独自完成这项工作——我们既需要权威可靠的"专家"，也离不开我们信任的朋友、邻居、家人和同事。煤气灯操控会让人动摇认知。但众人拾柴火焰高，只有这样，我们才能坚定立场。

与此同时，如果你或某个你认识的人正在煤气灯操控关系中挣扎，这本书会帮你理解、反思，最终重获新生，指引你从内部调整或者索性彻底结束这段关系。回首整个职业生涯，我一直致力于帮别人过上更有同理心、更有创造力、更高效、更充实的生活。但是，如果你还处在一段煤气灯操控关系中，反复质疑自己的表现，永远在为自己的"过失"道歉，那我的目标永远不可能实现。正如我2007年写的那样：

> ……你的身体内部蕴藏着巨大的能量源泉，可以帮你摆脱煤气灯效应。首先，你要看清自己在煤气灯操控里的角色，明确自己的行为、渴望和幻想是如何一步一步引导你把煤气灯操控者理想化，并渴望得到他的认可的。

然后，你便踏上了这场重拾自我之旅。《煤气灯效应》会为你提供帮助，陪伴你走过每一步。踏上这段旅程需要很大的勇气，但我相信，你们已经准备好了。

目 录

第 1 章

什么是
煤气灯效应？

凯蒂生性友好、乐观，走在大街上对每个人都笑脸相迎。她是销售代表，需要经常接触新朋友，她也很喜欢这种生活状态。二十七八岁的她，浑身散发着迷人的女性魅力，在跟现任男朋友布莱恩度过了一段漫长的约会期后，他们最终确立了恋爱关系。

布莱恩为人还算体贴，也懂得照顾人，但他很容易焦虑，经常愁眉苦脸，对陌生人充满戒备。两个人一起外出时，凯蒂外向又健谈，很容易就能和停下来问路的男士或者迎面遛狗的女士聊上几句。对此，布莱恩总是嗤之以鼻，认为他们不怀好意。布莱恩抱怨说："你难道看不出那些人在嘲笑你吗？你以为他们喜欢这种自在随意的攀谈，但实际上他们满脸不屑，甚至埋怨你话太多。那个问路的男人，不过就是想勾引你——你真该看看，你转身背对他的瞬间，他那双色眯眯的眼睛有多龌龊。更何况，你当下的表现根本没有顾及我这个男朋友的感受。眼睁睁看着你和每个擦肩而过的男人眉来眼去，你以为我会开心吗？"

起初，凯蒂对布莱恩的抱怨一笑置之。她告诉布莱恩，她的个性一向如此，喜欢与人为善。但经过连续数周狂轰滥炸的批评和否定之后，凯蒂也开始怀疑自己："也许那些人真的在嘲笑我？甚至想要调戏我？我的举止可能真的有些轻浮了，让自己的男朋友成为别人的笑话？——布莱恩这么爱我，我却如此待他，我也太差劲了！"

久而久之，凯蒂走在街上，越来越手足无措。虽然她不想放弃原来那个温暖、友善的自己，但每当她对陌生人微笑时，又总忍不住在意布莱恩会怎么看。

莉兹是一家大型广告公司的高级主管，年近五十，打扮时髦，结婚二十年来婚姻稳定，没有孩子。她一门心思都扑在事业上，拼命工作才换来今天的成就。如此看来，用不了多久她就能达成所愿，顺理成章地接管公司的纽约办事处。

然而，临门一脚，她的职位被别人取代了。莉兹强忍着自尊，主动表示自己会全力辅佐新老板。起初，新老板看起来亲和友好，对她也赏识有加。但没过多久，莉兹发现公司的很多重要决策都不再有她参与，很多重要会议也没有邀请她参加。她甚至还听到一些传言，有人偷偷告诉她的客户，让他们有事去找新老板，她不想再伺候这些人了。每次她向同事抱怨，他们都感到匪夷所思，困惑之余还解释说："但他可是每次都把你夸上了天，要是他真的有心针对你，为什么还要多此一举呢？"

最后，莉兹还是当面找到老板沟通，他总能把公司的大小事情处理得十分妥当，让人心悦诚服，挑不出一点儿问题。会议一结束，他满心关切地对她说："知道吗，莉兹？我觉得你最近在公司有些敏感了，甚至开始胡思乱想。不如你回家休息几天，好好放松一下？"

莉兹感觉自己彻底被踢出局了。她清楚地意识到自己被针对了，可为什么别人都不这么觉得呢，真的是她自己想多了吗？

米切尔是一名研究生，二十四五岁，正在修读电气工程专业。他身形瘦长，性格有些腼腆，一直没找到女朋友，不过他最近也遇到了自己很喜欢的约会对象。有一天，他的女朋友无意间轻描淡写地说，米切尔都这么大了还穿得像个小孩子。米切尔觉得很尴尬，但他听懂了她的意思。于是，他跑去当地的一家百货商店，拜托店员帮他挑选了一套衣服。换上以后，他感觉自己瞬间像变了一个人——精致成熟、魅力尽显。回家路上，他开心地享受着公交车上那些女士纷纷投来的赞赏目光。

然而，周日他穿着那套衣服去父母家吃饭，他的母亲突然大笑着说："天哪，米切尔，这身衣服不适合你，你看起来可太滑稽了。拜托，亲爱的，下次你再去商场买衣服，一定要叫上我。"米切尔感到很受挫，他要求母亲道歉，但她伤心地摇了摇头。"我只是想帮忙，不领情就算了。"她说，"但你刚刚那么大声跟我说话，应该道歉的人是你。"

米切尔困惑不已。他确实很喜欢这身新衣服，即便他穿起来可能真的很可笑。但是，刚刚他对母亲说话的语气，真的很无礼吗？

识别煤气灯效应

上述凯蒂、莉兹和米切尔三个案例的共同点，是他们都受到了煤气灯效应的影响。煤气灯效应一定发生在一段双人互动关系中：一方是煤气灯操控者，需要确保自己凡事都正确，以此维护自我认知和在世界中的权力控制；另一方是被操控者，她默许煤气灯操控者来定义她的现实世界，把对方过度理想化，总是渴望得到对方的认可。煤气灯操控者和被操控者可以是任意性别，这种操控也可能发生在任何类型的关系中。但我习惯把操控者称为"他"，把被操控者称为"她"，因为在我所接触的案例中，这是最常见的搭配。接下来我将尝试解析各种关系，如朋友、家人、上司和同事间的煤气灯效应，但男女亲密关系将是我要分析的重点。

例如，凯蒂的男朋友总是认为世界很危险，凯蒂的行为不够得体，对陌生人也毫无防备。当他感受到外在的压力或威胁时，他必须确保自己在这件事上是对的，也必须让凯蒂认同他是对的。凯蒂珍视这段感情，不想失去布莱恩，所以她开始站在布莱恩的角度看待问题。认为也许他们遇到的人都在嘲笑她，也许她确实表现得有些轻浮。就这样，煤气灯操控开始了。

无独有偶，莉兹的老板说自己真的很关心她，她的任何担忧都来自她的多疑。莉兹希望老板能赏识自己，毕竟这关系到她的前途，所以她开始怀疑自己，尝试接受老板的看法。但这也着实令莉兹感到困惑：如果他没有阻挠她的工作，那些会议为什么都没邀请她参加呢？为什么她的客户都不回她的电话？为什么她会感到如此忧虑、焦躁不安？莉兹太容易轻信他人，以至于她完全想象不出有人会像她的老板那样明目张胆地操控她。她觉得自己一定是做了什么错事，他才会如此待她。莉兹一方面拼命认定自己的老板是对的，但内心深处又知道他是不对的，这让莉兹完全迷失了方向。眼前看到的，自己知道的，她都不再确定。煤气灯操控正在她身上如火如荼地进行着。

米切尔的母亲认为她有权对儿子说任何话，如果他反对，那就是无礼。而米切尔眼里的母亲是善良、慈爱的，绝对不会对他说任何刻薄的话。因此，当母亲伤害了他的感情时，他责怪的是自己，而不是她。米切尔和母亲都认为：母亲是对的，米切尔是错的。他们共同制造了煤气灯效应。

当然，无论是凯蒂、莉兹，还是米切尔，其实都可以有更好的选择。凯蒂完全可以无视男朋友的负面言论，要求他停止咄咄逼人，甚至在万不得已的情况下和他分手。莉兹可以对自己说："哇，这个新老板可真难搞。不过，他这种自以为是的魅力可能骗得了公司的其他人，但绝对骗不了我！"米切尔也可以镇定自若地回答："不好意思，妈妈，是你欠我一个道歉。"从根本上来说，他们都可以选择在生活中接受煤气灯操控者的不认可，坚信自己是善良、能干、值得被爱的，这才是最重要的。

如果我们的三位被操控者都能采取这种态度，就不会产生煤气灯效应了。他们的操控者可能还会持续表现出不良行为，但至少不会产生太致命的影响。只有当你相信操控者所说的话并渴望得到他的认可时，才会产生煤气灯效应。

然而，问题的棘手之处在于煤气灯效应非常阴险，它利用的是我们心中最深层的恐惧、最焦虑的念头，以及最渴望被理解、欣赏和爱的愿望。当我们信任、尊重或爱戴的人说出非常肯定的话时，特别是当他的话中有一定事实，或者直击我们的某种焦虑时，我们很难不相信他。当我们把操控者理想化，把他看成我们的爱人、令人钦佩的上司或优秀的父母，我们就更难坚持自己的现实准则了。我们的煤气灯操控者需要确保自己永远是对的，而我们又需要一直获得他们的认可，在这样的关系状态之下，煤气灯效应会持续存在。

当然，煤气灯操控的双方可能都意识不到究竟发生了什么。操控者也许真的相信他对你说的每一句话，或者发自内心地认为自己只是在拯救你。记住：他只是被自己的需求所驱使。你的操控者可能是孔武有力的壮汉，也可能是缺乏安全感、爱发脾气的小男孩，但无论是哪一种，他一定感受到了某种脆弱和无力。因此，为了获得自我强大的安全感，他必须证明自己是对的，必须让你认同他的观点。

与此同时，不管你有没有意识到，其实你都已经把操控者理想化了，并迫切想要得到他的认可。而且，哪怕你的内心有一丝一毫觉得自己不够好，觉得自己需要得到操控者的爱或认可才完整，你就很容易受到煤气灯效应的影响。煤气灯操控者会利用这种弱点，让你一次又一次地怀疑自己。

你被煤气灯操控了吗？

开启你的煤气灯检测雷达，查看以下 20 个预警信号。

被操控者不会同时拥有这些经历或感受，出现其中任何一种，就要格外注意。

① 反复自我怀疑。

② 每天数十次地问自己："我是不是太敏感了？"

③ 在工作中经常感到困惑，甚至失去理智。

④ 总在向母亲、父亲、男朋友、老板道歉。

⑤ 你经常质疑自己是不是一个合格的女朋友 / 妻子 / 雇员 / 朋友 / 女儿。

⑥ 你想不明白，明明生活中精彩的事很多，自己却不快乐。

⑦ 你在给自己买衣服、给房间添置家具或购买其他个人物品时，脑子里想的都是伴侣的想法，他会喜欢什么，而不是自己喜欢什么。

⑧ 你经常在朋友和家人面前为伴侣找借口。

⑨ 你会向朋友和家人隐瞒一些信息，这样就不用另外解释或找其他借口。

⑩ 你知道自己的生活出了问题，但就是说不清楚是什么问题，自己也想不通。

⑪ 为了逃避羞辱、贬低及现实的扭曲，你开始撒谎。

⑫ 你甚至连简单的事都开始拿不定主意。

⑬ 聊天中发起一个简单的话题之前，你会反复斟酌。

⑭ 伴侣回家之前，你会先在大脑里过一遍自己这一天做错了哪些事。

⑮ 你感觉自己和以前大不相同，以前更自信、更爱玩、更放松。

⑯ 你开始通过伴侣的秘书和他对话，这样就不必直接告诉他那些会让他不高兴的事。

⑰ 你觉得自己好像什么都做不好。

⑱ 你的子女开始在伴侣面前保护你。

⑲ 你开始对以前一直相处融洽的人大发雷霆。

⑳ 你感到生活无望，整日闷闷不乐。

发现煤气灯效应的过程

在过去的 20 年里，我一直是一名私人执业心理治疗师，同时也是一名教师、领导力教练、顾问，还是伍德哈尔学院道德领导力培训研究员。在那里，我协助开发并进行面向各个年龄段女性的培训，有幸接触到遍布各行各业坚强聪慧、事业有成的优秀女性。但是，同样的伤心故事也不绝于耳：不知何故，很多原本自信满满、业绩突出的女性，都曾身陷一段让自己信心缺失、自我摧残、认知混乱的关系中。尽管这些女性的朋友和同事认为她们能力出众，但她们却觉得自己没用——她们既不相信自己的能力，也不相信自己对世界的认知。

这些故事中有些情节可谓千篇一律。渐渐地，我意识到，我听到的这些故事不仅存在于职场中，而且也是现实生活中我和朋友真实经历的写照。每一个案例中，那些看似强大的女性，在与恋人、配偶、朋友、同事、上司或家人的关系中，都开始质疑自己的现实感，感到焦虑、困惑、极度沮丧。这些女性在其他领域看起来是那么坚强自信、充满魅力，这让她们所处的关系更加引人瞩目。但就是在这些女性身边，总有一个特别的人，可能是她的爱人、上司或亲友，不管他对她的态度有多差，她一直在努力赢得他的认可。最后，我给这种痛苦的遭遇进行了定义——"煤气灯效应"，其名称取自一部老电影《煤气灯下》。

这部 1944 年的经典影片讲述了年轻而脆弱的歌手宝拉（英格丽·褒曼饰）嫁给魅力四射的神秘老男人格里高利（查尔斯·博耶饰）的故事。然而宝拉并不知道，她深爱的丈夫正想方设法将她逼疯，以夺取她继承的巨额遗产。他不断地告诉宝拉她生病了，身体变得很虚弱；他摆乱家里的物品，然后指责是她干的；最狡猾的是，他故意操控煤气灯，让她看到灯光无缘无故地变暗，以为自己出现了幻觉。在丈夫恶毒计划的蛊惑下，宝拉开始相信自己快要疯了。她既困惑又害怕，开始表现得歇斯底里，真的像丈夫一直说的那样，脆弱敏感、神志不清。这种状态陷入恶性循环，她越是怀疑自己，就越是困惑迷茫、情绪失常。她迫切希望得到丈夫的认可，希望丈夫告诉她他爱她，但丈夫一直故意不配合，不断暗示她疯了。直到一位高级警官安慰她说，他看到的煤气灯也是忽明忽暗的，她才逐渐恢复了理智和认知。

正如影片中所揭示的，煤气灯关系总是发生在两个人之间。格里高利需要迷惑宝拉，让他感觉自己有力量掌控一切，与此同时，宝拉心甘情愿地被他迷惑。她把这个英俊强壮的男人理想化了，她迫切地幻想他会珍惜她、保护她。即便他表现出不良行为，她也不愿去责怪他，不认为是他的问题，她宁愿维护自己心中完美丈夫的梦幻形象。自身的不安全感和对丈夫的理想化导致丈夫对她的情感操控有机可乘。

影片中的煤气灯操控者追求的是切切实实的物质。格里高利故意把妻子逼疯，以便占有她的财产。现实生活中，很少有如此恶毒的煤气灯操控者，尽管他们的行为造成的影响可能确实很恶劣。不过，从煤气灯操控者自身的视角出发，他所做的一切都出于自我保护。煤气灯操控者的自我意识存在缺陷，他无法接受自己的认知受到半点质疑。不管他选择以怎样的方式去解释这个世界，你必须跟他一样，否则他会陷入无法承受的焦虑之中。

假设你在派对上对一个男人微笑，你的煤气灯操控者会感到不满。一个正常的男朋友可能会说"对啊，我就是爱吃醋"，或者说"亲爱的，我知道你没错，但看到你和其他男人打情骂俏，让我很抓狂"。他至少能意识到他内心的不适可能是由当下的情况或他自己的不安全感引起的。即便你真的在调情，甚至做得有些过分，对方也有可能认识到，你的行为虽然有些不妥，但并不是为了让他难堪，不过他也可能会让你不要对其他男人放电。

但是，煤气灯操控者就完全不同了，他绝对不会认为这与自己的嫉妒、不安全感或偏执有关。他只会认定自己的思维逻辑：他心情不好，是因为你跟别人调情。他自己知道还不够，他还必须让你也认同这一点。如果你不认同，他就会长时间对你发火，实施冷暴力，伤害你的感情，用看似合情的言辞批评你。例如，"我不知道你为什么看不到你对我的伤害有多深。难道我的感受对你来说一点儿都不重要吗？"

但是，探戈毕竟是一支双人舞，离不开两个人的相互配合，只有当其中一方甘愿接受煤气灯操控、把对方理想化并迫切希望得到他的认可时，煤气灯操控才会发生。如果你不愿意被操控，那么当你的男朋友因为嫉妒而不当地指责你调情时，你可能只会一笑置之。但倘若你无法忍受他这么糟糕地看你呢？你可能会跟他争论，试图让他改变对你的看法。（"亲爱的，我没有调情，那就是一个普通的微笑。"）操控者急于让女朋友道歉，被操控者渴望得到男朋友的认可。这时候，她可能会愿意做任何事情来修复与男朋友的关系，包括接受男朋友的批评。

煤气灯操控：每况愈下

煤气灯操控有一个循序渐进的过程。最初操控的程度比较浅，你甚至可能都注意不到。当你的男朋友指责你在他的公司聚会上迟到，故意破坏他的形象时，你可能会觉得他神经过敏，或者认为他只是随口说说，又或者即便有那么一瞬间你想过是否真的破坏了他的形象，但也很快就不了了之了。

然而日复一日，煤气灯操控会渗透到你生活的方方面面，占据你的思想，压制你的感情。最后，你会陷入彻底的压抑之中，绝望无助、郁郁寡欢，甚至忘记曾经的自己，丧失自己的观点和自我意识。

不过，煤气灯操控的三个阶段你未必都会经历。但对大部分女性来说，煤气灯操控只会越来越糟糕。

第一阶段：质疑

第一阶段的主要特征是不相信对方的话。例如，你的煤气灯操控者说："那个问路的人真的只是想和你上床！"你听完觉得很离谱，简直不敢相信自己的耳朵。你以为自己听错了，或者是他表述错了，又或者他只是开个玩笑。因此，很可能的情况是，因为这番话太离谱了，你并没有放在心上。也可能你会尝试纠正男朋友的错误，甚至还有可能陷入喋喋不休的争论，但你依然坚持己见。虽然你希望得到男朋友的认可，但还没迫切到丧失理智的程度。

凯蒂在这个阶段僵持了好几个星期。她一直试图让男朋友相信，他对她和陌生人的看法是错误的，她没有和任何人调情，也没有任何人跟她调情。有时候，凯蒂觉得布莱恩很快就能明白了，但他实际上永远不会明白。于是，她开始怀疑这到底是他的问题，还是她的问题，他平时是那么温柔体贴，为什么有时候会突然变得很古怪？正如你所看到的，第一阶段的煤气灯操控程度相对温和，但会让你感到困惑、沮丧和焦虑。

第二阶段：辩解

第二阶段的主要特征是为自己辩解。你会搜集证据想方设法证明对方是错的，歇斯底里地与他争论，一心只想赢得他的认可。

莉兹就处在被操控的第二阶段。她满脑子想的都是老板能像自己一样看问题。每一次会议结束，她都会一遍遍地复盘自己与老板的对话——上班路上、跟朋友吃午饭时，甚至在入睡前。她一定要想办法向老板证明，自己是对的，这样他就能认可她，一切就会相安无事。

处在第二阶段的还有米切尔。他把母亲理想化了，他在内心深处希望母亲是对的。因此，米切尔在和妈妈发生分歧之后，想的是"我觉得自己有些无礼了"，甚至还会为自己不是称职的好儿子而懊恼不已，但他至少不用苦恼自己有一个糟糕的母亲。于是，他可以无视妈妈的不良行为，继续争取获得她的认可。

如果你经常感到困扰，甚至有些绝望，那你正处在被操控的第二阶段。你不再确信自己是否能赢得操控者的认可，但还没完全放弃希望。

第三阶段：压抑

第三阶段的煤气灯操控程度最深，主要特征是压抑。在这个阶段，你会积极主动地证明你的煤气灯操控者是对的，这样你就可以按照他的方式做事，最终赢得他的认可。第三阶段容易导致精神内耗，你会感到心力交瘁、无力辩驳。

我的来访者梅兰妮就完全处在第三阶段。梅兰妮是个可爱的女人，35 岁左右，在纽约一家大公司担任营销分析师。不过，她第一次来找我的时候，我完全想象不到她是一名企业高管。她蜷缩在一件松松垮垮的毛衣里，战战兢兢、哆哆嗦嗦地坐在我的沙发边上，止不住地抽泣。

促使她前来接受诊疗的是一次超市之行。她着急忙慌地穿梭在超市的一排排货架间，搜寻晚宴所需用品，因为当晚丈夫乔丹的同事要来家里聚餐。乔丹让她准备她拿手的烤三文鱼排，还说他的朋友都很注重健康，最好是用野生三文鱼。但梅兰妮发现，超市的鱼类专柜里只有养殖的三文鱼。摆在她面前的，只剩下两个选择：要么买次品鱼，要么换一道主菜。

"当时我就开始控制不住地浑身发抖，"当她的抽泣声渐渐平息后，她说，"我满脑子想的都是乔丹得有多失望。如果我告诉他超市里没买到野生三文鱼，他脸上会是怎样的表情?! 他可能会抱怨：'梅兰妮，难道你没想过要早点儿去吗？你以前做过这道菜，你应该知道其中的学问。你一点儿也不重视今晚的场合吗？我告诉过你今晚对我有多重要。梅兰妮，难道还有什么事情比准备好这顿晚餐更重要吗？有的话，你告诉我，我真的很想知道。'"

梅兰妮深吸一口气，拿起一张面巾纸。"这些问题在我脑海中来回萦绕,挥之不去。我试着让自己不去在意,我去解释,甚至不停道歉。我试着告诉他为什么有些东西没准备好,但他根本不信。"她在沙发上又坐了一会儿,身子一缩,把毛衣裹得更紧了。"他也许是对的。我以前是那么有条理,什么事都胸有成竹。现在连我都觉得自己变得一团糟了。我不知道为什么我什么都做不好了。但我就是做不好。"

在煤气灯效应的诸多案例中,梅兰妮的故事是一个极端:她完全相信了煤气灯操控者对她的负面评价,丧失了真正的自我。梅兰妮的判断中有一点是对的:她确实变成了丈夫眼里那个绝望无助、失败无能的人。她把丈夫理想化了,拼命想得到他的认可,以至于即便丈夫诬蔑她做了没做过的事(比如这个案例中,对他的派对不上心),她也只会默默接受。比起直面丈夫的不端,选择妥协、认同他的看法要容易得多,她需要或者说她以为自己需要通过获得丈夫的认可来建立她的自我意识,但她永远不可能得到他真心、持续的认可。

煤气灯操控的三个阶段:迂回之路

煤气灯操控的三个阶段是循序渐进的,但并非都是一个固定模式。有些人会一直处在第一阶段,操控要么发生在同一段关系中,要么发生在一连串令人挫败的友情、爱情或工作环境中。他们一次又一次地上演同样的争吵,当一段关系痛苦到无法承受时,他们就干脆断绝关系。然后,马上寻找下一个煤气灯操控者，如此循环往复，无休无止。

有些人会一直在第二阶段挣扎。他们还能够正常地工作和生活，但思想和情感完全被这种煤气灯操控关系吞噬。我们身边可能都有过这样一个女性朋友，张口闭口都在抱怨老板很疯狂、母亲太唠叨、男朋友不够贴心。困在第二阶段，她只能反复念叨这些话。即使她生活中的其他人际关系都很和谐，煤气灯操控者也足以摧毁一切。

有时候，这种煤气灯操控关系，尤其是处于第二阶段的关系，会发生角色交替，伴侣轮流充当煤气灯操控者，或者双方角色完全互换。你可能被默许在情感问题上对伴侣进行操控，比如当他说了或做了什么令你不快时，戳穿他的"真实意图"。与此同时，他可能被默许制定你在社交场合的行为规范，指责你在聚会上话太多，埋怨你发表的政治观点让客人不舒服。你们双方都在努力维护自己的正确地位或得到对方的认可，只不过是在不同的话题领域。

有时候，在煤气灯操控发生之前，一段关系可能连续几个月甚至几年都很顺利。可能中间偶尔会出现情感操控的迹象，甚至会经历一些坎坷，但整体上，这段关系是健康的。直到某一天，丈夫丢了工作，朋友离了婚，母亲因日渐年迈而沮丧不安，这时，煤气灯操控就会正式拉响警报，因为此时煤气灯操控者感受到了威胁，并转而想要通过操控别人来获得力量。也有可能是你感受到了威胁，所以突然更加迫切地想要赢得操控者的认可。你的迫切让他感到无能为力，他通过让你，在某些事情上，更确切地说是在所有事情上，认同他是对的而你是错的来重申他的权力，这样就发生了煤气灯操控。

生活中，你可能会有这样一个女性朋友，多年以来她一直对配偶、孩子或其他朋友进行情感操控，但唯独对你没有。因为你不知道她在其他关系中是怎样的，所以你甚至可能会站在她这边，和她一起讨论对方有多差劲。然而，有一天，丈夫跟她离婚了，孩子长大离开家了，另一个朋友厌倦了虐待跟她分道扬镳了。突然之间，除了你，她再也没有别人可以操控了。这时候，你因为习惯了一直以来共情她的抱怨和负面情绪，可能会在几个星期甚至几个月后才意识到，你讨厌她现在对待你的方式。

被信任多年的人操控，可能比初识几天便被操控的感觉更让人崩溃。因为有了坚实的信任基础，当你意识到自己受到情感虐待时，就会更困惑，也更容易责怪自己。他怎么可能会有问题呢? 一定是你的问题。

在上述案例中，煤气灯操控可能停留在第一阶段或第二阶段，或在这两个阶段之间来回切换，但这已经足够令人痛苦了。而当这种操控发展到第三阶段时，结果可能是毁灭性的。此时，煤气灯操控已经让你变得绝望无助、郁郁寡欢，即便再小的决定也做不了，感觉像是徘徊在没有地图或地标的广袤沙漠中，完全失去了方向。你几乎想不起来自己在被操控之前是什么样子的。你只知道问题很严重，而问题很可能出在自己身上。毕竟，如果你真的没问题，真的有能力，你就能赢得煤气灯操控者的认可了。不是吗?

在治疗了数十名与这种模式斗争的女性，且自己也亲身经历过煤气灯操控之后，我完全可以证实煤气灯效应真的会摧残心灵。当你意识到自己与过去最好的自己——真正的自己——渐行渐远的时候，或许是你感觉最痛苦的时候。你失去了自信、自尊，丢掉了自己的视野和勇气。最糟糕的是，你不再快乐。对你而言，最重要的就是让你的操控者认可你。但只有到了第三阶段，你才会明白，你永远得不到他的认可。

煤气灯操控者的三种类型

煤气灯操控者的类型多样。有些看起来像是虐待狂，但有些看起来人还不错，甚至还很爱搞浪漫。于是，让我们来看一下煤气灯操控者究竟有哪些类型。

"魅力型"煤气灯操控者：为你创造一个特别的世界

假设你的男朋友已经连续两周没给你打电话了，尽管你给他留了很多信息，他也没有回复。但当他再次出现的时候，捧着一大束你最喜欢的花，带着一瓶昂贵的香槟和两张去乡下度周末的机票站在你面前。你既生气又沮丧。他这两周去哪儿了？为什么不回电话？而你的男朋友呢，他丝毫不认为自己的无故消失有任何问题，反倒只是让你和他一起享受他刚刚制造的这个浪漫时刻。和所有的煤气灯操控者一样，他在扭曲现实，并让你认同他的观点；他表现得好像自己并没有做什么过分的事，你才是无理取闹的那个。然而，他的魅力和浪漫不过是虚假的掩饰，可能会让你忘了他的行为有多过分，忘了你最初有多痛苦。

我把这种类型的操控者称为"魅力型"操控者。有些人会持续使用这种操控形式，而有些人，比如凯蒂那位占有欲极强的男朋友布莱恩，可能只是在某一次特别令人不快的争吵之后，偶尔尝试一下这种形式。无论如何，"魅力型"操控都极具迷惑性，你明知道哪里不对劲，但拒绝不了这种浪漫。你觉得这段关系有问题，但假如你无法说服他认同你，你就只能转而认同他的看法，认为一切安好。

我在回顾自己与"魅力型"操控者的交往过程时，有一种中了其魔咒的感觉，仿佛进入了一个梦幻世界——在那里，我和他是世界上最幸福的恋人。一段关系刚开始的时候，往往是煤气灯操控者最迷人的时候，那些日后可能会给他带来麻烦的特质，反倒帮他在初期给人留下十足的好印象。他会跟你说，你是世界上最棒的女人，是唯一理解他的人，是童话中的公主，神奇地改变了他的生活。

当然，他也会改变你的生活。他不断地给你暗示或者承诺，他会一直把你捧在手心上，带你去好地方，送你礼物，亲昵地向你告白或带给你从未有过的性体验，将你征服。你会觉得你们之间亲密无间，一切是那么美好而特别。他开心，你也陪他一起开心。对于那些相信恋爱会有魔力的女人来说——我们当中又有谁会不信呢——"魅力型"操控者可以说是这个世界上最有魅力的男人，因为他最擅长创造惊喜"魔法"。

但是，你不觉得这个画面有问题吗？

不可否认，坠入爱河是一种神奇的体验，我当然也不会阻止任何人去享受一段新的恋爱关系。但有时，最擅长创造"魔法"的男人往往只是喜欢"恋爱"这个词带给他们的虚荣。他们身经百战，随时为自己的浪漫肥皂剧准备好了舞台，他们需要的只是一个女主角，而当你出现，他们几乎可以递给你一个完整的剧本，然后把你抛进这场盛大的演出中。高档的餐厅、浪漫的肢体接触、亲昵的爱抚、甜蜜的性爱，诸如此类，足以让你兴奋好一阵子。"魅力型"操控者就是喜欢主导一切。

实际上，在"魅力型"操控的初期阶段，你也有可能发现一些问题的苗头，但因为其他一切都太梦幻了，所以你会觉得那些都不是问题。例如：凯蒂和布莱恩第一次约会时，凯蒂喜欢布莱恩的浪漫——给她送花、揉脚；当布莱恩指责她太轻浮或太天真时，她也会不开心。但是因为她喜欢被浪漫地对待，所以她说服自己那些指责不重要，只要布莱恩对她再多一点了解，就不会再有问题，甚至她有可能只是误解了他的指责。

通常在"魅力型"操控关系中，一切看上去好像都很完美。直到第一个插曲出现——他开始指责你做了一些你并没有做的事情，并要求你承认。在他斥责你对他消失两周不回电话感到不满的时候，你可能还沉浸在之前浪漫的氛围中，几个星期甚至几个月了还难以自拔。这时候，你已经对这段关系投入了感情，所以即使你不喜欢他的不良行为或气话，你还是会想要紧紧抓住这段关系，希望能够重拾昔日的浪漫。

一位来访者跟我聊天，说自己越来越受不了某个"魅力型"操控者。我在倾听的时候，脑海中浮现出了雪花球的形象，那是一个包裹着可爱又脆弱的世界的水晶球。它在破碎之前是那么美丽。然而，整个世界被摧毁之后，它再也无法复原。

通常情况下，尤其是在第一阶段，"魅力型"操控会不时夹杂温柔的浪漫，所以很难让人看出问题。甚至即便你讨厌被操控，也觉得这是为亲密和温存付出的微不足道的代价。如果你像凯蒂一样单身了太久，或者和操控者已经有了孩子，你可能会害怕割舍这段关系，即使它很糟糕。当然了，这种操控模式会让那些美好的时光显得更加珍贵。尽管男朋友脾气越来越差，但是每当他给凯蒂送玫瑰花，给她揉脚，或者送她一瓶她最喜欢的香水作为惊喜，凯蒂都会告诉自己："看吧，他真的爱我。我相信一切都会好起来的。"

与此同时，凯蒂的自我意识也在逐渐被削弱。她眼里的自己，慢慢变成男朋友眼中的样子——言辞过分热情、调情有失得体、举止荒唐可笑，她开始改掉一贯友好的交际方式。

有时候，煤气灯操控者在做了一些不良行为后，会有一些看似良好的举动。例如，你的操控者可能连续好几个小时都在数落你，然后，在你马上就要哭了的时候，他会立刻疯狂道歉。他可能会说："请原谅我，你知道我有时候会这样。我只是害怕失去你。"他可能会用礼物、性或其他亲密行为来维系你们的亲密关系，而这种表现，足以让你如释重负、欢欣不已。看，你果真没看错——他太棒了！他的不良行为越是离谱得让你心烦意乱，过后浪漫的举动就越能掩盖这些问题，让你回到最初的梦幻。为了还能拥有曾经的"美好时光"，有些女人不惜花上几个月、几年甚至一辈子的时间。

在一段恋爱关系中，魅力和浪漫有很多种呈现方式，当然，并非所有都是负面的。但是，如果你的伴侣利用浪漫来转移你对自己感受的注意力——给你送花来避免你批评他迟到，或者刚在他的朋友面前骂完你，接着又用极度的赞美让你高兴得说不出话来，让你开始怀疑自己的感觉是否出了问题——那么你就陷入了"魅力型"操控。

你是否陷入了"魅力型"操控？查看以下内容是否对你有所警示。

你是否遇到了"魅力型"操控者？

下列清单上的有些陈述很负面，但大多都是中性或正面的。如果你想知道伴侣是否正在利用魅力来让你失去自我认知，那么即便是正面的陈述也能说明他在操控你。

- 你是否经常觉得自己拥有只属于你们两人的"特殊世界"？
- 你会形容你的伴侣是"我认识的最浪漫的男人"吗？
- 你们的分歧和争吵是否通常以浪漫或亲密的行为告终，比如一份特别的礼物、更亲密的关系和更甜蜜的性爱？
- 你的朋友是否觉得你的伴侣很浪漫？

- 你的朋友是否会为你伴侣的浪漫而感到担忧?

- 你对伴侣的印象是否与朋友对他的印象不一致?

- 他在公开场合和私下里的表现是否会有明显不同?

- 他是那种想要获得全场关注的人吗?

- 你是否偶尔觉得,即便他有千奇百怪的浪漫想法,但都不是你想要的,跟你的心情和品味不契合,或者与你们的故事毫无共鸣?

- 当你说你状态不佳的时候,他是否还在坚持营造浪漫,无论是在性关系方面,还是在其他方面?

- 你是否认为你们在恋爱初期的感觉与现在有明显差异?

备注:并非只有伴侣才会成为"魅力型"操控者。只要你不在乎自己是否被操控,你的上司、同事,甚至朋友、亲戚都有可能为你编织一个充满魅力的奇幻世界。

如果你的"魅力型"操控者是个男人,而你是个女人,那他可能无时无刻不在你面前释放他的魅力,即使你们根本不可能发展出真正的亲密关系。换句话说,即使你清楚你们不是恋人,他也会通过一些容易让人产生错觉的暧昧表现来对你进行情感操控。

如果"魅力型"操控者是你的朋友,她可能会给你一种你们两个人在对抗世界的错觉。她用"永远是朋友"的承诺来安慰你，或者说你有多么特别来奉承你，这些都是她用来让你进入她的操控圈套的诱饵。然后，当你因为家里有急事而不得不取消每周日固定的早午餐之约时，她会指责你故意破坏她的安排，不尊重你们之间的友谊。如果你也对"永远是朋友"的论调深信不疑，那么你可能会被她说服。你以为你在处理另一件更重要的事，但你也许真的伤害了她的感情。

同样地，如果"魅力型"操控者是你的亲戚，他们可能会把家庭浪漫化，让你觉得自己是家里的特殊一员，但这并不能阻止他们试图让你顺从他们对你的歪曲看法。也许他们会说"天哪，你总是这么小题大做！"或者"你为什么一点儿创造力也没有，完全比不上你姐姐"。你既没有责备他们，也没有表示反对，反而对他们的看法深信不疑，因为你渴望成为"家庭的一员"，而这就是成为一员的代价。或者，你可能会被邀请与某个兄弟姐妹、父母或其他亲戚建立亲密联系，就好像你们两个人拥有一个别人无法理解的特殊世界。同样，这也是诱惑你上钩的手段，所以当你的操控者坚持要你以她的方式看待问题时，你就会努力迎合她。你的母亲、姐姐或某个表亲可能会说："你总是这么散漫。"事实上你并不认同这种评价，甚至觉得这是对你的侮辱。但你因为非常喜欢和她一起对抗其他家人的方式，所以你开始认同自己有点儿散漫，以便维系这种特殊的情感纽带。

正如你所看到的，在所有这些案例中，煤气灯操控的基本模式都是一样的：对方坚持让你接受一个你明知错误的观点，但你却试图让自己相信它是真的，以赢得对方的认可，这样才会觉得

自己善良、特别、能干、值得被爱。你需要外界的认可来证明自
己，这一点会让你一直处于煤气灯操控的关系中。

"好人型"煤气灯操控者：让你说不出问题在哪儿

桑德拉是我辅导的一位来访者，她遇到了一件让她困惑的
事。她三十四五岁，染着一头红发，有一双迷人的绿眼睛。表面
看来，她似乎拥有完美的婚姻和圆满的生活，她和她的"完美丈
夫"彼得有三个漂亮的孩子。她是一名社会工作者，她很热爱自
己的工作，还拥有温暖热情、和谐友爱的朋友和同事圈子。虽然
她和彼得（同样是一名社会工作者）像所有年轻的上班族一样忙
碌，但他们在生活中会彼此分担（包括收拾家务、照顾孩子），
桑德拉一直以此为傲。

然而，桑德拉越来越感觉不满足，她向我再三强调，并没有
什么特别的原因。但事实上，她用了"麻木"这个词来形容自己
的情感状态。在过去的三年里，她感觉自己"越来越冷血"，好像
什么都不重要了。当我让她分享一件最近令她感到真正快乐的事
情时，她的脸上露出一丝悲伤的表情，但很快便恢复了之前的冷
漠。"老实说，我不记得了，"她告诉我，"这是不好的迹象吗？"

慢慢地，在我和桑德拉的努力沟通下，她开始说了一些对丈
夫的不同看法。从她的描述中我看得出，彼得为她和孩子付出了
很多，在很多事情上，彼得基本上都会顺着她。但我也能看出，
彼得脾气火爆、很容易急躁，家人为了不激怒他只能在各方面都
小心翼翼。虽然桑德拉愿意和他当面沟通，但她总是不知道哪些

事情说着说着就会变成一场战斗，这种随时随地"备战"的状态让她感到疲惫不堪，即便最后彼得并没有真正发火。她承认她的婚姻很完美，但确实在与丈夫的沟通中感到心力交瘁。

她告诉我："比方说，某天晚上我要去参加一个员工会议。彼得当天也要出去开会。但我们找不到保姆。我们甚至能花上几个小时，讨论到底谁的会议更重要，最后我只觉得身心俱疲。彼得会不停地念叨'你确定要去吗？你知道你自己很容易为小事焦虑'，或者'还记得上次吗——你说你要去开会，但你最后没去。你确定这次不会跟上次一样吗？'如此种种。争论到最后，我竟然'赢'了，终于可以去开会了。这时彼得会看着我说'这下你高兴了吧，你赢了！'但不知怎的，我其实一点儿也不开心，只觉得筋疲力尽。"

在我看来，桑德拉被"好人型"煤气灯操控了，这个人表面表现得通情达理、善解人意，但其实一心只想按自己的方式行事。我的老朋友兼同事、心理治疗师莱斯特·莱诺夫给这种行为贴上了一个形象的标签——曲意逢迎，即表面默许，真正的目的却是无视。彼得看上去很尊重桑德拉，但他一直在暗示，她自己都不知道自己在说什么，或者她总是担忧过度。实际上，桑德拉从两个人的讨论中得到的就是这种漠视和不尊重，这也是她感到沮丧的原因，跟她的"输赢"无关。

被这样的人操控，你可能经常会感到迷茫。某种程度上，你可能会感觉自己被忽视或不被尊重，你的愿望和顾虑从未得到真正的回应，但你却始终无法找到问题所在。

我们都有过与人打交道的经历，有时候我们会觉得有些事情不对劲，但说不清楚原因。老板把我们叫去，表面是正面的工作肯定，结果却令人惴惴不安；朋友为我们付出了那么多，但我们似乎总"抽不出"时间去见她；我们"本应"好好爱慕的男朋友，表面看起来那么优秀，我们却无法向他兑现承诺；某个亲戚和气得像圣人一样，但每次从她家回来，我们要么愤愤不平，要么情绪低落。

通常，这些令人困惑的经历都属于煤气灯操控——操控者破坏或否定了你的现实感，而他需要确保自己永远是对的。你们的对话内容可能并非事实，而是隐含了"你错了，我才是对的！"的信息。因此，你发现自己屈服了，却不知道原因；你得到了想要的东西，却并未感到满足；你不知道该抱怨些什么，但能意识到哪里不对劲。就像桑德拉一样，你感到麻木无力、闷闷不乐，甚至为找不到原因而更加郁郁寡欢。

其实问题很简单，就是你的煤气灯操控者亟须巩固自己的地位，确保自己的正确权威。他需要做很多好事，有好的表现，但并不是因为在乎你，他只是迫切想要证明自己是个好人。这让你感到孤独沮丧，即使你说不清为什么。但你渴望对他有好印象，也想让他觉得你好，所以你忽略了自己的沮丧。跟桑德拉一样，你甚至变得"麻木"。

你是否遇到了"好人型"煤气灯操控者？查看以下情况，你是否感到似曾相识。

你是否遇到了"好人型"煤气灯操控者？

- 他是否一直在努力取悦你和他人？

- 在他提供帮助、给予支持或妥协退让时，你是否会感到沮丧或隐隐不满？

- 他是否愿意与你协商家务、社交或工作安排，尽管他最后顺从了你，但你仍然感觉他并没有用心倾听你的意见？

- 你是否觉得他似乎每次都能达到他的目的，你不明白这是为什么？

- 你是否觉得你想做的总是事与愿违，但又不知道哪里有问题，该抱怨什么？

- 你是否觉得自己的感情生活和谐美满，但又不知道为什么会感到麻木，觉得生活无趣、心灰意冷？

- 他是否会询问你每天的情况，并且认真倾听，给予共情的回应？然而，不知道为什么，每次这样的谈话结束时，你都感觉更糟糕了？

"威胁型"煤气灯操控者：欺凌、制造内疚、隐瞒是惯用伎俩

　　"魅力型""好人型"煤气灯操控者通常很难被发现，因为操控过程中的很多行为在特定情况下是可以被理解和接受的。但有些行为明显已经成为问题了，比如大吼大叫、贬低、冷落、责备

以及其他形式的惩罚、恐吓等。你可能有很多理由说服自己接受
这些问题行为，比如将这个男人视为你的灵魂伴侣、孩子的好父
亲，认同他对你的批评，但你也知道，在某种程度上你不喜欢被
这样对待。

有时候，"魅力型"或"好人型"煤气灯操控中也会偶尔出
现上述类似的问题行为。但倘若一段关系中频繁出现这种问题行
为，应当确切地将其称为"威胁型"煤气灯操控。比如梅兰妮
的丈夫乔丹，他就是典型的"威胁型"操控者。当梅兰妮没能为
他们的晚宴找到野生三文鱼时，乔丹就开始贬低她，对她大吼大
叫，用一些她回答不上来的问题来打压她。然后，一连几个小时
都不跟她说话。这是他的惯用伎俩，每一次他对她表达不满时都
会如此，但眼下梅兰妮已经被他的贬低消耗得疲惫不堪。尽管她
早已不再试图为自己辩解，她从未停止过尝试赢得他的爱。她仍
然认为，乔丹若是认可她，就说明她坚强、聪明、能干，值得拥
有美好幸福的生活，而乔丹的否定只能证明自己一无是处。

你是否遇到了"威胁型"煤气灯操控者？查看以下内容，确
认自己有无类似情况。

你是否遇到了"威胁型"煤气灯操控者？

- 他是否当着别人的面，或者在你们独处时，贬低你或用其他
  方式蔑视你？

- 他是否为了达到目的，对你使用冷暴力，或者在你惹他不高兴时以此作为惩罚？

- 他是否经常或周期性地发怒？

- 你是否一见到他或者一想到他就感到恐惧？

- 你是否觉得他在公开场合或以"开玩笑""逗逗你"为幌子嘲笑你？

- 他是否经常或不定期地威胁你说如果你惹他不高兴他就会离你而去，或者暗示他会抛弃你？

- 他是否经常或周期性地说一些你最害怕听到的话？例如，"你又来了，你要求太高了！"或者"到此为止吧，你简直跟你妈妈一样！"

事实上，遭遇"威胁型"煤气灯操控是一项巨大的挑战。为了让你们之间的关系发展更顺利，你们双方要同时处理好操控和威胁两方面的关系。即便威胁不是操控的一部分，也会令人感到沮丧。"威胁型"操控者需要改变他的相处方式，但你也需要努力提高自己抵抗威胁的能力，这样才不会为了摆脱不愉快而立刻屈服。

煤气灯操控：一种新的流行病

为什么煤气灯操控现象如此普遍？为什么会有那么多聪明、

坚强的女性陷入这种令人崩溃的操控关系中，甚至连 20 世纪 50 年代情景喜剧里的婚姻模式都在它的衬托之下显得格外文明了？为什么会有那么多男男女女都挣扎着摆脱那些控制欲极强又残酷无情的雇主、家人、配偶和朋友？为什么如此难以看清这种操控关系的真实面目？

　　我认为促成煤气灯操控成为流行病的主要原因有以下三个，这些原因均源自我们文化中随着时代发展而形成的观念，远比处在煤气灯操控关系中的任何个人原因更重要。

女性角色大转变以及转变后的反作用

　　谈到男女之间的恋爱和职业关系，有一点很重要，那就是女性角色发生了迅速而突然的变化。上一次女性角色发生巨变是在第二次世界大战期间，当时男性纷纷参军入伍，空出大量工作岗位，一大批女性涌入职场，接替了他们的岗位。好莱坞立刻关注到了这种女性掌握经济大权的新现象，制作了几部关于煤气灯操控的电影，其中就包括英格丽·褒曼和查尔斯·博耶主演的《煤气灯下》。在这些电影中，一些有权有势、有个人魅力的男性设法欺骗那些工作能力强却身心脆弱的女性，诱使她们放弃自己的认知，这种操控关系似乎与当时社会上对两性的期待和两性经历的突然转变有关。不管是在 20 世纪 40 年代，还是我们所处的这个时代，女性在工作和生活方面都被赋予了新的权利，而这种角色的转变让她们自己和她们的伴侣都感觉到了威胁。尽管她们获得了新地位，能够自由工作、竞选公职、参与公共生活，但很多女性依然渴望传统的两性关系——拥有一个她们可以依靠、给予她们指引和支持的强壮男人。与此同时，很多男性对女性追求在公共和私人领域里的平等权利而感到一定程度的不安。

在我看来，这样发展下去的结果就是一些男性被坚强、聪明的女性所吸引，但又想控制她们。而一部分女性则是积极地"重塑"自己，期待能够委身依靠男性，不仅是为了获得情感支持，更是为了建立对自己的认知，对"我在这个世界上到底是谁？"的问题做一个交代。于是，新时代的煤气灯操控者和被操控者就此诞生了。

矛盾的是，女权运动在给女性带来更多选择的同时，还要求她们成为坚强、成功和独立的女性，这无形中也给我们中的很多人带来了压力——理论上来看，这样的女性能够免受来自男性任何形式的情感虐待。因此，这时候如果有女性陷入了煤气灯操控或者其他虐待关系，她会感到加倍耻辱：一是因为她们处于一段糟糕的关系中，二是因为她们没有达到自己设定的强大、独立的标准。于是，出现了讽刺的一幕：这些被煤气灯操控的女性，因为身上贴着想要成为独立、坚强、成功女性的标签，会选择放弃寻求帮助。

猖獗的个人主义以及随之而来的孤立感

传统社会并没有为个人发展提供太多的空间，却能很好地将大多数人维系在一个安全的人际关系网中。我并不是说女性在婚姻中从未体会过被孤立的感觉，但她们的确有机会接触到更广泛的家庭关系，了解到更多的社会礼仪，成为整个社会群体中的一员。即便在我们所处的现代工业社会，不管是男性还是女性，都有很多机会接触社会网络——工会、教会、社区团体、种族群体，甚至几十年前也如此。至少在某种程度上，人们是整个大世界的一部分，在这个大世界里，每一个人，甚至配偶或雇主，都可以在更大的社会语境中被看到。

然而，如今的社会个人流动性很大，消费主义盛行，我们的社交联系越来越少。我们长时间工作，身边的同事换了一批又一批，闲暇时间基本是跟伴侣或三五好友聚会，很少参与教会团体、工会或社区组织的活动。这样一来，我们越来越接触不到其他信息来源和反馈，无形中个体的角色被放大，任何个人都有可能对其他人产生巨大的影响。伴侣似乎成了我们唯一的情感寄托，雇主仿佛对员工的职场地位拥有无限的决定权，朋友似乎成了我们忙忙碌碌、越来越孤立的生活中屈指可数的社交关系。因此，我们把自己得到社会认可的全部需求都寄托在这些关系上，期待它们能够完善或定义我们的自我意识。在传统社会中，我们能够通过一系列丰富的情感纽带来获得踏踏实实的安全感；而在现代社会中，我们往往只能求助于一个人，即我们的伴侣、朋友或家人。然而，我们渴望被理解、被倾听的需求不是任何一种单一的关系能满足的。一方面，我们渴望被社会认同自己是善良、能干、值得被爱的；另一方面，我们又越来越脱离各种社会联系，只能日渐沦为被煤气灯者操控的对象。

煤气灯操控文化

在如今的社会环境下，煤气灯操控更是无孔不入了，因为现在的人可能比以往任何时候都更加焦虑。我们日复一日地被一大堆新闻和信息轰炸，我们清楚地知道其中有些内容并不准确，有些甚至算得上是"假消息"或"虚构事实"。在这样的环境中，我们不再确定自己能相信什么，因此我们比以往任何时候都容易被煤气灯操控。

充斥在我们生活里的广告中总会传递这样的讯息：没有哪个男人不喜欢拥有完美的 2 号身材（即模特身材）和漂亮妆容的女人，但根据我自己的经验和观察，事实并非如此；学校领导一边告诉孩子学习的意义就在于学习本身，一边又提醒他们，如果没有好的学业成绩和 SAT 成绩，就无法进入理想的大学；政客今天这样行事是这个理由，中途转换立场后又会给你另外一个理由，却从不会承认是政治路线变了。从这个意义上说，我认为我们生活在一种"煤气灯操控文化"中。我们不是被鼓励去发现或创造我们自己的现实，而是被数不尽的形形色色、无力改变的规约所轰炸，被迫忽略自己的想法，接受眼前这个社会所营销的需求或观点。

探寻新的相处之道

幸运的是，煤气灯操控问题是可以解决的。让自己摆脱这种致命的综合征听起来并不容易，但其实也不难。你要做的就是坚信自己是善良、能干、值得被爱的，完全不需要理想化的伴侣来认可。当然了，知易行难。但是，当你意识到只有自己才能定义自己的自我意识，不管你的操控者怎么想，你都值得被爱，你便迈出了通往自由的第一步。

一旦你明白你的自我认知并不取决于煤气灯操控者，你就会愿意主动结束这段操控关系。坚信自己有权利被爱，享受美好的生活，这样才能守住立场：要么你的操控者好好对你，要么你就果断离开他。这是你唯一的砝码，能够帮你退后一步，看清现实，拒绝屈服于操控者无情的批判、完美的苛求和过分的操控行为。

我知道这听起来很复杂，但别担心。接下来我会告诉你整个流程，向你展示关掉煤气灯的方法。等你主动摆脱煤气灯操控之后，你再决定是否要彻底断绝这段关系。

梅兰妮就是这么做的。渐渐地，她学会了把自己看成一个真正聪明、善良、能干的女人。学会了退出那些她永远也赢不了的、耗人心神的争吵，学会了屏蔽丈夫的唠叨、挑剔和贬低。

梅兰妮变得越来越坚强，她意识到乔丹的煤气灯操控已经走火入魔了。他无时无刻不想证明自己都是对的，哪怕他的行为会伤害到梅兰妮。一段时间过后，梅兰妮不再把他理想化，也不再那么在乎他的认可。这时她才明白乔丹给不了她足够的爱、感情和陪伴，这样的婚姻不值得。于是，她离开了乔丹，开启了一段全新的、更令人满意的爱情。

然而，那是梅兰妮的选择，你不一定非要这么做。你可能会发现，一旦你不再需要煤气灯操控者的认可，你就可以改变与他互动的方式，而他可能也会相应地改变自己的行为，不像乔丹那样顽固不化。如果你的操控者是你的家人或老板，你可以想办法在维持这种关系的同时给这段关系加一些约束，比如，在有朋友陪伴的时候才去看望母亲，或者设法减少与那位有虐待倾向的老板接触。又或者，你也可以像梅兰妮一样，彻底断绝你们之间的关系。

不管怎样选择，你的内心深处都应该有一股让自己摆脱煤气灯效应的力量。第一步就是要明确自己在煤气灯操控关系中的角色，意识到自己的行为、欲望和幻想都可能会诱使你将煤气灯操控者理想化，并想方设法寻求他的认可。接下来，让我们进入第2章，看看什么是"煤气灯探戈"。

第 2 章

煤气灯探戈

特蕾茜身材高挑，喜欢健身，二十七八岁的年纪，留着一头金色的长发。她性格暴躁，精力充沛，直言自己是为辩论而生。高中时她是辩论队成员，大学时参加过学生会竞选，后来成为一名顶尖的诉讼律师，真正实现了她以辩论为生的梦想。然而现在，婚姻中不时的争吵让她苦恼不已。她来办公室找我，希望我能帮她想想办法对付她那位越来越爱跟她一较高下的丈夫亚伦。"他总觉得自己永远是对的。"特蕾茜忽然仰起头这么跟我说。而我也很快发现了她的这个特点，她一开始抱怨她丈夫，就会情不自禁甩甩头："他不知道，我才永远是对的！"

特蕾茜说这话时大笑了一声，好让我知道她其实是在开玩笑。不过，我能感觉到，那个玩笑八成是她的心里话。特蕾茜非常在意自己是不是对的，也非常在意别人是否知道这一点。在她的词典里，从来没有"接受异议"或者"放弃争吵"这一说。

当我和特蕾茜继续分析她的困扰的时候，我渐渐意识到，几乎可以肯定的是，她被煤气灯操控了。她的丈夫跟她一样都是位高权重的律师，同样以辩论为生，每当他们意见相左时，亚伦都会列举大量事实，好让她屈从于他的想法。事实上，他们刚在一起的时候，两个人似乎都很享受那份互相切磋的争吵和结束之后热烈的性爱。现在，特蕾茜承认，她开始有些招架不住了。"我不可能每次都错，"有一次她竟然如此小声地告诉我，"我可没那么蠢。"

渐渐地，一切浮出水面，特蕾茜不仅仅是亚伦高压辩论风格的受害者。事实上，她自己也是煤气灯探戈的积极参与者，即便她自己没有意识到。正如她所说的，她的丈夫需要用事实和数据"压制她"，而她则需要用反驳和情感诉求来反击他。当我问她，如果她用"嗯，我还没理解你的观点，但我愿意考虑一下"作为回应来结束这场争论，会有什么结果时，她简直要气疯了。

"你不懂！"她激动地说，突然把所有矛头都对准了我，"亚伦要是把我当成一个愚蠢的金发女郎，我受不了，真的受不了！最可怕的就是这种感觉，我觉得自己的心脏快要跳出来了，我会跳下悬崖，把房子砸了，或者做其他任何事情，只要能让他改变对我的看法。他这样看我的时候，我没有办法不在意，我做不到！"

"你真的做不到吗？"我问她。

"绝对不行！"特蕾茜说，她的声音比以往任何时候都要高亢和紧张，"如果他那样想我，我是说，他是我的丈夫。如果他是这么想的，为什么还要娶我？万一他说的是真的呢？"

我们当中有很多人都身陷煤气灯探戈，特蕾茜就是一个典型案例。被煤气灯操控的人往往害怕被误解。尽管她们经常表现出自信和强势，但实际上她们非常容易被爱人和同事的观点所影响。尤其是在亲密关系中，她们往往会把很多权力交给自己所爱的伴侣，赋予伴侣一种近乎神奇的能力来"看待"她们，幻想对方能够"真正理解她们"。

在这种情况下，被误解就是最致命的一击。特蕾茜的丈夫认为她"错"了，这对她来说比简单的争论或轻微的分歧更难以接受。她觉得这极大地伤害了她的自我认知。如果亚伦明确表示不同意她的观点，她会感觉自己的世界彻底崩溃了。她把亚伦理想化了，拼命渴望得到他的认可，希望他认为自己聪明、能干，这让她很容易受到煤气灯操控。

这对夫妇经常争吵的一个话题是特蕾茜总爱用信用卡。尽管靠她自己的工资收入完全能够偿还信用卡，但特蕾茜是冲动型消费者，总喜欢在下班回家的路上买衣服。她基本上每次都能按时还款，但每个月都会欠下一些债。然而，亚伦从小在低收入家庭中长大，一直比较节俭，他觉得特蕾茜自以为是在合理使用资金，实际上是在非常危险地挥霍。当我指出在实际生活中，亚伦的意见并不重要，因为她自己掌控自己的信用卡时，特蕾茜难以置信地看了我一眼。"但是，我怎么能和一个认为我这么差劲的男人生活在一起呢?!"她这样抗议道。对她来说，赢得与丈夫的争论，让丈夫同意她的认知，甚至比丈夫控制她花钱这个现实问题更重要。

正如我们在第 1 章中所看到的，煤气灯操控者迫切地需要证明自己是对的，以强化他的自我认知，保持他的权力感。被操控者往往把操控者理想化，渴望得到他的认可。特蕾茜因为渴望得到亚伦的认可，与亚伦陷入了无休止的争吵中，她想让亚伦认同她的观点，尤其是她的自我认知。亚伦不会轻易妥协，她也一样。尽管亚伦通常会在争论中占上风，但因为亚伦需要时刻确保自己是对的，而特蕾茜需要得到亚伦的认可，两人很容易发生争执。久而久之，两人的争吵愈演愈烈——这让特蕾茜觉得自己失败透顶。

加入煤气灯探戈

虽然表面看来，煤气灯操控主要是虐待者的杰作，但煤气灯操控关系一定离不开两个人的积极参与。事实上，这算得上是好消息。因为如果你被煤气灯操控，你可能改变不了操控者的行为，但一定可以改变自己的行为。做到这一点并不容易，但说难也不难：只要你不再争输赢，不再劝对方讲道理，你就可以结束这段探戈。或者，你可以选择直接退出争论。

煤气灯探戈是怎么形成的呢？让我们来好好看看它的精妙舞步。你的煤气灯操控者认为某件事情是真的，但你却"深知"那是假的，这场探戈就开始了。还记得第1章中的那几个案例吗？凯蒂的男朋友布莱恩坚持说凯蒂周围的男人都在色眯眯地看着她、嘲笑她，但凯蒂却认为大多数人都很温和友好；同样，莉兹的老板坚持说他会帮助莉兹，但所有迹象都表明他只是在破坏她的工作机会；米切尔的妈妈说她没有侮辱自己的儿子，但米切尔感到伤心就是最有力的证据。

当今社会，人们之间产生意见分歧、歪曲事实、互相侮辱的情况时有发生，所以这些经历本身并不是煤气灯操控。理论上讲，凯蒂完全可以耸耸肩说："好吧，你可能觉得那些人是色魔，但我觉得他们只是在示好，我不打算改变自己。"同样，当莉兹的老板对她施展魅力时，她可以认真地打量他一番，然后想："好吧，这里面一定有猫腻，我倒要看看是什么把戏。"同样，米切尔也可以说："妈妈，你嘲笑我，伤害了我的感情，你那样对我，我不会和你说话了。"如果每一个被操控者都能以这种方式回应，就不会有煤气灯效应了。

但是，这并不是说凯蒂的男朋友、莉兹的老板或米切尔的妈妈会改变自己的做法。他们可能会改变，但也可能继续故步自封，甚至更加顽固。那样一来，凯蒂、莉兹和米切尔都会面临更艰难的选择，困扰下一步该怎么做，但至少他们不会被卷入煤气灯操控。

只有当被操控者有意无意地试图迎合操控者，或希望操控者以她的方式看待问题时，煤气灯操控才会发生，因为被操控者极度渴望得到操控者的认可，只有这样才能感觉自己是完整的。凯蒂与布莱恩争吵，拼命解释自己确实没有跟别人调情。当她尝试站在布莱恩的角度看问题，她才会觉得自己是一个善良、忠诚的好女友，永远不会在男朋友面前跟别人调情。莉兹试着向老板解释自己遭遇的所有不公，然后努力说服自己相信老板，是她太多疑了。这样她才会觉得自己是个称职、能干的好员工，有能力解决自己工作中出现的各种问题。米切尔和母亲顶嘴，想让她对自己客气一点儿。但母亲指责他无礼时，他又担心也许她说得对。内心深处，三位被操控者都知道，操控者所说的并非事实。但是，他们非但没有坚持自己的看法，反而试图通过妥协跟对方站在同一立场，以此赢得操控者的认可。绝大多数情况下，他们会通过主动让步来改变自己。

我们为什么会一再妥协？

我们为什么会为了迎合煤气灯操控者的认知而扭曲自己？我认为原因有两个：害怕遭遇情感末日和潜意识中的趋同心理。

害怕遭遇情感末日

大多数煤气灯操控者似乎都有一种秘密武器——情感爆炸，它能摧毁身边的一切，并在结束后的数周持续释放毒气。处于煤气灯操控关系中的人，担心如果操控者被逼得太紧，就会导致这种情感末日，这甚至比眼前令人困扰的问题和尖刻的言辞带来的伤害更可怕。为了避免痛苦的情感爆炸，她愿意付出一切代价。

情感末日可能只发生一次，也可能永远不会发生，但对情感末日的恐惧有时甚至比事件本身引起的恐惧更甚。被煤气灯操控的一方害怕伴侣可能会冲她大吼、批评，甚至离开她，她确信自己害怕的事情一旦发生，她会彻底垮掉。有一次，我的一位来访者对我说："那种感觉就像自己快要死了。"我说："但你其实不会死的。"但她并不觉得这是安慰。

对凯蒂来说，情感末日就是布莱恩的愤怒。她永远不知道什么时候他会突然暴怒。他愤怒的时候经常大喊大叫，凯蒂非常害怕。她知道布莱恩不会真的动手打她，但只要听到他的怒吼，她就惶恐不安。随后，不管布莱恩再说什么，她都会妥协，只是为了不让他发怒。

如果凯蒂只是表面上屈服，但内心坚守认知，知道自己没有和别人调情，那么她或许能躲过煤气灯操控带来的最坏影响——摧毁信心、迷失方向、抑郁消沉。但在凯蒂的眼里，如果她那样做了，她就成了一个每天都要不停安抚男朋友的懦弱女子，情况同样也很糟糕。与此同时，她也不想面对脾气暴躁的男朋友，那与她曾经的理想男朋友形象相去甚远。因此，她有充分的理由相信布莱恩是对的。这样，她就不是懦夫，而他也不是坏人。在某种程度上，凯蒂更愿意把这种情况看作是认同男朋友的敏锐洞察力，而不是屈服于他的无理取闹。因此，每当她为了防止布莱恩发怒而向他妥协时，她心里或多或少认为布莱恩是对的。她为此付出的代价就是被煤气灯操控——让男朋友来定义她的世界观和她的自我认知。

莉兹老板的威胁是另一种情感末日——职场失利。莉兹身居要职，她全身心投入这份工作，无法想象自己失去这份工作会怎样。她还担心自己的职业声誉受到影响。如果老板把她解雇，然后散播她能力不足、性格偏执的谣言，她该怎么办？谁还会雇用她呢？就像凯蒂不愿面对男朋友的欺凌一样，莉兹也不敢挑战老板的底线，试探自己的选择余地。因此，老板对她越恶劣，她反倒越怀疑是自己做了什么错事。

米切尔最害怕遭遇的情感末日是负罪感。从记事起，他就一直担心自己会让母亲失望，并希望用自己的良好表现弥补母亲生活中的其他遗憾。因此，他很容易受到母亲的煤气灯操控。虽然母亲很少当面指责他，但她受伤的表情比语言更有杀伤力。在一次特别痛苦的谈话中，他告诉我："我觉得我伤了她的心。只要她能不那么想，不再因为我而难受，我愿意做任何事。"米切尔没有思考在现实中他怎么做能让母亲幸福，他可以为此付出多少，而是固执地认为，只要他能做一个听话的好儿子，母亲就会幸福。

有时，煤气灯操控者会变本加厉——从刻薄的言辞到当面大吼大叫，从暗示对方的过错到明确的指控。如果被操控者发起反抗，操控者的行为可能会变得更糟——每天大吼大叫、摔锅砸碗、用抛弃相威胁。长此以往，她可能会开始觉得，哪怕只是脑海里有想反抗的念头也会让他们的关系恶化，即使只是想着保留异议也会招致危险。因此，从思想上、情感上和行动上彻底屈服，似乎才是最保险的做法。

当被操控者向我倾诉他们对情感末日的恐惧时，往往会有两种矛盾的立场。一方面，这些恐惧单靠语言描述可能会显得微不足道，因此我的来访者会表露出较多的羞愧和自我怀疑。他们会说"我知道这听起来没什么……只有白痴才会为这种小事烦恼"，或者"我相信这没什么大不了的。只是我太懦弱了。他总说我太敏感"。

另一方面，当我让被操控者想一想，如果情感末日真的来临，她耸耸肩一笑置之，或直接走出房间会怎样。那么她多半会拼命地驳斥我，说我根本不了解当时的情况有多糟糕。她可能会说："他会一直吼叫！如果我直接走开，或者让他闭嘴，他会骂得更凶！"如果我继续追问，为什么他会这么大声地怒吼，我会收到一个难以置信的眼神。就好像操控者的秘密武器，不管它是什么，真的有能力消灭被操控者，摧毁她的整个世界。

我知道，情感末日来临确实会让人感到恐惧，但事实上，操控者的吼叫并不会摧毁你的世界，批评也不会结束你的生命。无论辱骂令你多么痛苦，都不会让你的房子轰然倒塌，成为一片废墟。我知道你认为情感末日会毁了你，但它实际上不会。当你能够真正看穿那些困扰、蒙蔽你心灵的恐惧时，你也许就能摆脱操控者的看法，拒绝纠缠——不相信，也不再为之争论，只是坚持自己内心深处的真相。

末日到来：煤气灯操控者的秘密武器

什么让你感觉最痛苦？你的煤气灯操控者是个专家，善于利用你的弱点作为他的秘密武器。他可能会：

- 用你最害怕的事情来提醒你

"你真是太胖了／性冷淡／敏感／难搞……"

- 用彻底抛弃你来威胁你

> "没有人会再爱你了。"
>
> "你将孤独终老。"
>
> "没有人能忍受你。"

- 用其他问题来否定你

> "难怪你跟你的父母合不来。"
>
> "也许这就是你的朋友苏西抛弃你的原因。"
>
> "你还不明白吗，这就是你老板不尊重你的原因。"

- 用你的理想状态来质疑你

> "婚姻不就是无条件的爱吗？"
>
> "我以为朋友之间应该是相互支持的。"
>
> "真正的专业人士应该能够承受压力。"

- 让你怀疑自己的认知、记忆或现实感

> "我从没那样说过，都是你想象出来的。"
>
> "你答应过要还清那笔账的，你不记得了吗？"
>
> "你的话让我母亲很伤心。"
>
> "家里的客人觉得你很可笑，大家都在嘲笑你。"

那么，要想从煤气灯操控关系中解脱出来，第一步就是承认这种情感末日让你感到多么不愉快、多么受伤害。如果你讨厌被人吼叫，你就有权在意见出现分歧的时候，指出对方不应当大吼大叫。也许其他女人不介意被大吼，但你介意。如果这让你很敏感，那就接受自己的敏感吧。你有权设定你自己的原则，而不是遵守某个虚构的"没那么敏感"的女人的原则。

与此同时，你需要意识到被吼并不会让你的整个世界崩溃。这并不是说操控者有资格继续对你吼叫，而是说你不用在他每次吼叫时都选择屈服。面对一个大吼大叫的人，选择直接走开，关上身后的书房门，甚至干脆离家出走，可能都不会让你感觉轻松。而且这种冷漠处理的方式可能会激起对方更变本加厉的不良行为。但最重要的是，要改变意识——别再觉得他拥有强大的武器，每次都能让你屈服。

在第 6 章中，我们将更细致地研究一些设定相处原则、强化自尊心的技巧，这也是摆脱煤气灯操控的第一步。不过，在那之前，我们先来看看这么多人放弃自我认知，加入煤气灯探戈的第二个原因。

潜意识中的趋同心理 ①

那些特别容易受到煤气灯操控的人，身上似乎都有一个共同点：无论自己多么坚强、聪明、能干，都会把操控者理想化，迫切地想要赢得他的认可。如果得不到他的认可，似乎就无法成为梦想中那种善良、能干、值得被爱的人。因为渴望得到操控者的认可，所以害怕与他产生任何分歧。因此，一旦出现任何不同的观点，哪怕是不同的喜好，被操控者都会紧张不已。

---

① 在精神分析学中，趋同性（merge）有其特定含义，此处引用多指其口语意义，意指无冲突、完全同意的一种意愿或状态。

　　玛丽安娜 40 岁出头，身材丰满，有着一头淡金色的头发和一双蓝色的大眼睛。她是一个小部门的主管，几年来一直深陷在与她朋友苏的煤气灯操控关系中。有一次，我让玛丽安娜描述一下她和苏之间的分歧，她的焦虑症差点犯了。她告诉我："一想到我们意见不合，我就觉得自己好像脱离了地球，飘浮在太空中，失去了重力，仿佛再也回不到地面了。"

　　不难理解，每个人都有自己的想法。但是，玛丽安娜和苏之间，不管谈论的话题是关于时尚、政治，还是熟人，甚至是家庭成员的，她们都很难接受她们之间存在不同意见。有一次，她们竟然花了几个小时争论玛丽安娜是否对她的母亲过于挑剔，而玛丽安娜的母亲住在另一个州，苏甚至从来没见过她的母亲。尽管如此，这两个女人都认为，她们必须尽快在这个问题上达成共识，丝毫不能忍受任何分歧。

　　在一些煤气灯操控关系中，有些话题可以存在不同意见，但有些话题就不行。甚至有时候，前一天还相安无事的分歧，第二天就变成双方争吵的导火索了。多数情况下，这种对分歧的容忍度与双方各自的抗压能力和内心的安全感有关。如果双方都感觉良好，他们可能会给彼此更多的空间；如果一方或双方都感到脆弱，他们可能会要求对方对自己更加"忠诚"，即无条件地认同对方。

　　当被操控的一方确实因为分歧或否定而感到焦虑时，通常应对的方式不外乎以下两种：他们可能会迅速向伴侣、配偶、朋友或老板看齐，很快放弃自己的看法，以赢得对方的认可，从而证

明自己是善良、能干、值得被爱的；或者，他们会通过争论和 /
或情感操控来诱导操控者，让他们接受自己的看法，从而获得安
全感和价值感。

例如，特蕾茜想让丈夫亚伦相信她真的能够理财，她无法忍
受丈夫认为她毫无理财能力。因为受不了丈夫对她的这种负面看
法，她不惜与丈夫陷入无休止的争论，想要用争论的方式得到他
的认同。

相比之下，玛丽安娜善于利用情感操控。在两个人讨论的过
程中，她可能会突然开始哭泣，向苏倾诉她有多孤独；或者突然
强烈地表达苏对她有多么重要，她有多么依赖这份友情，仿佛任
何分歧都会对她们的友谊造成威胁。

虽然特蕾茜和玛丽安娜表达焦虑的方式不同，但她们害怕的
问题是一样的：一旦与所爱之人看待问题的方式不同，就意味着
失去了认可和情感连接，变得孤独无依。为了维系自己与对方的
亲密感，她们几乎愿意做任何事情，即使她们有可能在这个过程
中丧失自我。

你在煤气灯探戈中的角色

你是否已经加入了煤气灯探戈？做一下以下测试，看看结果
如何。

双人探戈舞：你是否正在被煤气灯操控？

① 你的母亲接连打了几个星期的电话，想要和你共进午餐，但你实在忙得不可开交。新交了男朋友、最近暴发的流感和工作上越来越多的待办事项，导致你根本抽不出时间。她说："依我看，你根本就不在乎我！我怎么养了一个这么自私的女儿！"

此时你会说：

A．"您怎么能说我自私呢？您没看到我有多努力工作吗？"

B．"天哪，真对不起。您说得对，我是个糟糕的女儿，我很差劲。"

C．"妈妈，您这样贬低我，我没法和您沟通。"

② 闺蜜又一次临时取消了跟你的约会。你鼓起勇气对她说："你这样放我鸽子真让我崩溃！这么美好的周末晚上，你却扔下我一个人，让我在孤单中度过。我很难过，因为我本来可以约别人的。老实说，我很想你！"你的朋友用一种温暖而关切的语气说："其实，我一直想告诉你，我觉得你太依赖我了。和一个如此黏人的朋友在一起，我有些不自在。"

此时你会说：

A．"我可不黏人，你怎么能说我黏人呢？！我很独立！我只是不喜欢被临时放鸽子，这才是问题所在！"

B．"哦，这就是我们不能见面的原因？我会解决的。很抱歉给你带来了压力。"

C．"你说的这一点我会想清楚的，但话题怎么从你放我鸽
　　子变成了我黏人？"

③你的上司最近压力很大，你总觉得她在拿你出气。虽然她偶
　尔也会把你夸上天，但很多时候你一走进她的办公室，她就
　会因为一些鸡毛蒜皮的小事对你大发脾气。就在刚刚，她用
　了整整 10 分钟指责你在最新的市场分析报告中使用的字体
　不符合公司标准。"你为什么非要给我找麻烦呢？"她问你，
　"你觉得你有资格受到重用吗？还是你对我有什么意见？"

　此时你会说：

　A．"天哪，别太小题大做了，只是字体而已！"

　B．"我不知道我最近是怎么了，可能确实有些问题需要
　　　解决。"

　C．"对不起，我没有按规章执行。"（内心在想："少对我大
　　　吼大叫！"）

④你的男朋友整晚都闷闷不乐，沉默寡言。终于，他控制不
　住怒火对你说："我不明白你为什么要把我的秘密告诉全世
　界。"你往下追问细节，才知道原来是你在他的公司聚会上
　把你们计划去加勒比海度假的事告诉了别人。"我们去哪儿
　又不关他们的事！"他又说，"大家会从这样的信息中知道
　我赚了多少钱，猜到我的销售情况，可这些我都不想让别人
　知道。显然，你根本不尊重我的隐私，你在践踏我的尊严。"

此时你会说：

A."你疯了吗？就是个普通的假期而已。有什么大不了的？"

B."我才知道自己这么粗心大意。现在我感觉好内疚。"

C."很抱歉让你难过了。不过，我们看问题的角度确实不同，不是吗？"

⑤ 你和伴侣的谈话已经僵持了好几个小时。你没按约定时间去取他的干洗衣物，现在他明天出差没有干净的衣服可以穿了。你向他道歉，说自己不是故意的，你只是晚到了5分钟，干洗店就关门了。他说每次你帮他做事都会迟到，这已经不是第一次了。你承认自己总是迟到，但并不是有意针对他。他指责你，说你想要搞砸他的差旅，这样他就不得不在家陪你了；说你嫉妒他的新同事；又说你厌倦了自己的工作，羡慕他那么喜欢自己的工作。

此时你会说：

A."你怎么能这么说我？你难道看不出我有多努力吗？如果我想搞砸你的计划，我会为了你提前一个小时就下班吗？"

B."我不知道，也许你说得对。我就是想做点什么来报复你。"

C."关于这件事，你有你的看法，我也有我的看法。在这一点上，我们没什么可争的。"

你是否在跳煤气灯探戈？

如果你的回答是 A：你正陷在与操控者无休止的争吵中，而且你永远不可能真正获胜。你总是渴望赢得他的认可，这给了他"让你抓狂"的权力。即使你知道自己的观点是对的，也可以考虑退出争吵，结束这场双人探戈。

如果你的回答是 B：看来你的操控者已经说服你以他的方式看待问题了。因为你渴望得到他的认可，所以你愿意认同他的观点，甚至不惜牺牲自己的自尊。但是，即便你犯了错，你也没必要认同他对你的负面评价。继续往下读，我会帮助你找回自己的观点，恢复健康、积极的自我意识。

如果你的回答是 C：恭喜你！你完全可以优雅从容地摆脱煤气灯探戈。因为你更加注重自己的现实感，而不是赢得操控者的认可，所以你完全有能力退出争论，停止煤气灯操控，成功避开煤气灯效应。

以上这些问题，不管大部分题目你是选择了 A、B 还是 C，都不用太担心。在后面的章节中，我将为你提供很多具体的建议，帮你摆脱煤气灯探戈。请记住：只要你的内心还有一丝一毫认为你需要操控者的认可才能提升自我意识，增强自信心，完善对自我的认知，你就会永远被煤气灯操控。

接下来，让我们继续了解煤气灯探戈的其他方面，看看它是怎样一步一步引诱我们跳起这支危险的舞。

共情陷阱

共情是一种能够设身处地体验他人感受的能力。当我听说我的朋友乳房 X 光检查有问题、我的孩子在学校被嘲笑、我的伴侣申请补助金被拒时，我感受到的不仅仅是难过——我会跟他们一样，恐惧、心痛、沮丧不已，因为我会联想到自己在恐惧、沮丧或失望时的感受。同样地，当我听说我的朋友身体很好，我的孩子结交了新朋友，或者我的伴侣刚刚升职时，我也会跟他们一样开心。

在很多情况下，共情是我能想到的最美好的品质：它让悲伤变得可以忍受，让快乐无限加倍。理想中的共情是维系亲密关系的纽带，帮我们减少孤独感，确信自己有人爱，有人愿意理解自己。但很遗憾，有时候共情也可能是一个陷阱，在煤气灯操控关系中更是如此。你的共情能力，以及渴望被共情的需要，都会让你更容易受到煤气灯效应的影响。

举个例子，凯蒂是我见过的最有共情能力的人之一。她似乎非常懂得身边所有人的感受，能够非常准确地体会到某个事件可能会对他们产生的影响。当她请我重新安排预约时间时，她为给我带来的不便表示歉意，这让我觉得她不但非常清楚自己的需要，还知道并且关照我的需要。她有这样优秀的品质，必然会是一位很棒的朋友和合作伙伴。

但我也看到，凯蒂的共情让她在男朋友的世界观面前很难坚守自己的世界观。"当我和熟食店的人聊天时，我能想象到布莱恩会有多难过，"她说，"他好像担心我会离开他，再也不回来了。看到他那么紧张，我也很难过，我受不了他如此痛苦的样子。"凯蒂总是沉浸在共情男朋友的恐惧中，甚至忘了那次聊天的内容，忘了自己是如何看待跟陌生人聊天的。她那么迫切地站在布莱恩的角度看问题，无形中忽略了自己的观点。

遗憾的是，布莱恩没有给予她同样的共情。他很欣赏凯蒂的反应，她的同理心也是他如此依恋她的一个原因，但他并没有给出同等的回应。布莱恩很少会想"有人对凯蒂微笑，我能看得出来她是多么高兴，这让她感到快乐和安全"，或者"每次我冲凯蒂大吼时，我能看到她是那么沮丧，那么没有安全感，那么小心翼翼"。大多数时候，布莱恩只在意自己的需求和感受。事实上，在他看来，关注凯蒂的感受就等于忽略自己的感受。承认凯蒂跟自己有不一样的感受，就等于承认自己的感受是无效的。如果让他去共情凯蒂，他会觉得自己很失败，就好像那意味着他主动放弃了一切能让别人理解和尊重自己的可能性。

布莱恩也许确实缺乏共情他人感受的能力。又或者，他可能害怕自己的共情能力会困住自己。确实，当我在一次短暂的伴侣咨询中见到他们时，他说："我不明白为什么我要按她的方式看问题，那根本就不是我的想法！每次我尝试用她的方式，最后都以失败告终了。"

在这种煤气灯操控关系中，凯蒂的共情制造了一种陷阱。她希望自己能理解男朋友的想法，但男朋友却不想理解她的想法。当他们争吵时，凯蒂会适时退让，但布莱恩却寸步不让。与布莱恩共情让凯蒂觉得自己体贴细腻，非常懂得关心人；但当布莱恩被要求与凯蒂共情时，他感受到的却是软弱无能和失败。于是，凯蒂习惯性的共情让她渐渐忽略了自己的感受和看法，努力按照布莱恩的眼光看待问题。

不过，凯蒂并不只是给予共情，她还极力想得到布莱恩的认可。毕竟，只有得到布莱恩的认可，她才能证明自己是一个忠诚、合格的女朋友，而不是布莱恩口中那个举止轻浮、不守妇道的女人。她太渴望得到布莱恩的共情和认可，以至于屏蔽了自己清晰思考的能力。她希望布莱恩能理解她的观点并给予认可，她发现自己很难容忍他们之间存在分歧。对她来说，爱意味着完全理解和无条件接受，一分一厘都不能少。没有爱，凯蒂就会觉得自己一文不值，被人抛弃，孤独无依。这种对认可、理解和爱的迫切需求，让凯蒂一步一步地接受了布莱恩的情感操控。

我曾经问过凯蒂，如果布莱恩永远都理解不了为什么对她来说友好和坦诚是如此重要，她能否接受。我说也许有天他可能会停止对她的侮辱，但他看待问题的方式永远都不可能改变。

凯蒂瞠目结舌。"但布莱恩爱我啊，"她如此反驳道，"他愿意为我做任何事。"

"也许吧，"我回答，"但嘴上说着爱，行动上也有付出，并不意味着他就能真正理解你，与你共情。有时候，我们爱一个人，却无法体会他的感受。有时候，即便是恋人之间，也有可能不赞同对方的行为、决定或观点。"

凯蒂不可思议地瞪着我，好像我说的是外星语。"你说的那些不是爱，"她最后说，"如果你爱一个人，你就会理解他，体会他的感受，你会觉得他很棒！布莱恩一直就是这么看我的，只不过偶尔会对我发脾气。"她接着描述了有一次她下班回家时精疲力竭，布莱恩给她揉脚——这个故事她已经跟我讲过好几遍了。"他知道我需要什么，也会毫无保留地全部给我！"她每次讲到这儿都会重复这句话，"从那时起，我就知道我对他来说有多重要，他会一直在我身边照顾我。"这段记忆对凯蒂来说是如此珍贵，以至于她心甘情愿忍受布莱恩的辱骂和吼叫，希望有一天能重拾那少有的温馨时刻，她能够真正感受到男朋友"理解"她，并且会一直在她身边。

如何走出共情陷阱？不妨试试以下建议。

摆脱共情陷阱

• **厘清自己的想法和感受。**通常，当我们卷入一段煤气灯操控关系时，我们会完全专注于伴侣的观点，以至于忘记自己怎么想。请完全遵从自己的内心，试着完成以下与你的困扰相关的句子。建议你把答案写下来，或者大声说出来，或者边说边写。你可能会发现，比起简单地想一想，能听到或者看到自己观点的效果很不一样！

在这段关系中，我想_____。

我想改变的是_____。

发生_____时，我无法忍受。

我认为自己基本上是_____的人。

当大家_____时，我会喜欢我们之间的关系。

写完这些句子，你的感受如何？如果你感到惊慌失措，别担心。这只能证明，你太久没有完全专注于自己的想法了。试着带着这种感觉坐下来，看看有没有新的感受出现。你可能还会发现，代入更简单、更具体的内容来思考这些问题会更容易：

这一周，我希望我男朋友做的一件事是_____。

明天，我希望能改变的一件事是_____。

我最喜欢自己的一点是_____。

如果你愿意，也可以画出你的感受，或者使用文字和图像结合的方式。（有关"情绪词汇表"，请参阅附录一。）

- 咨询你的"理想顾问"。在脑海中想象一个你完全信任的智慧顾问。他可能是你现实生活中认识的人，也可能是你理想中想要拥有的完美顾问。你可以把他想象成一个真人、一个魔法师或精神向导，甚至是一只动物。假设这位顾问目睹了你最近与煤气灯操控者发生的一件烦心事。他清楚地看到了所有发生的一切。随后，你去拜访这位顾问。你觉得他会对你说什么？他会有什么建议？

* 与信任的人交谈。如果你有一个非常信任的朋友或亲戚，你可以跟她说你正在做一个关于自我发现的训练，邀请她配合你。跟她分享一件你与操控者之间发生的烦心事，尝试表露你的真实想法。每当她听到你绕开自己的想法，而只说对方，尤其是你的操控者的想法时，请她轻轻地打断你，比如简单地举手示意一下。这样做是为了让你更加关注自己的想法和感受，而不要一直只想着其他人。但要确保这个倾听的人不会发表自己的意见！如果一定要知道你的朋友或亲戚是怎么想的，那就找一天专门交流一下。然后试着在 24 小时内，只专注于自己的想法。

　　煤气灯探戈是一支诱人的舞蹈，但正如我们所看到的，它会产生严重的不良影响。无论煤气灯操控在你的生活中仅仅是偶尔出现的冰山一角，还是已经成为棘手的关键问题，找到摆脱它的方法，你一定会受益。在接下来的三章中，结合煤气灯操控的三个阶段，我们将探讨从各种类型的煤气灯操控中解脱出来的具体方法，不管是表面上相对较浅的程度还是已经严重到难以承受的地步，都能找到相应的解决办法。

第 3 章

第一阶段：
"你在说什么？"

你和约会对象一起看电影，正等着电影开场，你突然感到口渴。"对不起，"你说，"我快渴死了，我去去就回。"你走到大厅，从饮水机那儿接了一杯水，然后回来坐下以后，约会对象瞪了你一眼。"怎么了？"你问他。

"你怎么去了那么久？"他怒气冲冲地说，"你怎么能这么不体贴？我一个人在这里坐了将近 20 分钟。你考虑过我吗？"

"真的有那么久吗？"你略带惊讶地问。毕竟电影还没开始呢，而且你们到得也没有那么早。

"你可能没注意时间，但我可是看了。"他埋怨道。不一会儿，灯光暗了下来，他用你最喜欢的方式亲昵地搂着你。"你今晚用的什么香水，不管是什么，以后就一直用吧。"他在你耳边浪漫地呢喃道。接下来的夜晚，一切是那么梦幻，你不禁又回想起自己当初为什么会这么喜欢这个人。第二天，你跟闺蜜分享这次约会，你甚至都不会提起中间发生的饮水小插曲。

你刚刚认识了你的新老板，她看起来很完美。上班第一周，她就请你吃午饭，并一直夸你工作出色。你从未感到如此受赏识，你迫不及待地想向这位女士展示你的能力，因为你总算等到机会了。

然后有一天，你睡过头了，迟到了 45 分钟。你感到万分抱歉，但你的新老板微笑着对你说她能理解。"有时候，当我们感受到外界的威胁时，我们会不自觉地回避，"她温柔地说，"所以，你可以跟我说，你觉得目前的工作环境中有什么威胁？我很乐意和你一起努力，让这里变得更舒适。"

你说自己只是定错了闹钟（你不想承认自己前一天晚上在外面狂欢到很晚），但无论你怎么说，她都只是笑而不语。

"很抱歉，我觉得你还不够坦诚，"说完，她让你回到办公室，"如果你想跟我说了，随时都可以过来。"

她的态度出奇地友好，但你却感觉不对劲，虽然说不上哪里不对劲。那天晚些时候，你的老板交给你一项任务，这是过去半年来你一直梦寐以求的工作，你暗暗保证再也不会迟到，并把这件事抛到脑后。

你的家人正在为你很喜欢的艾拉伯伯筹办 80 岁生日派对，你打电话问珍伯母还需要带些什么。"哎呀，你这个年纪正在拼事业，先忙你自己的事儿吧。到时候你可以找个好吃的面包店买个蛋糕过来，这样就不用自己做了。"她说。

你说你很想亲手为艾拉伯伯做些吃的，但珍伯母说不用这么麻烦，于是你答应买一个蛋糕过去。然而，就在派对的前一天，珍伯母打电话到你办公室，她说："你妈妈刚刚告诉我，你爸爸过生日的时候你做了一个非常美味的巧克力榛子蛋糕。你艾拉伯伯也喜欢巧克力，不如你做一个带过来？"

你解释说做这个蛋糕的配料很复杂，制作起来要花几个小时的时间。你手上一项棘手的工作马上要到最后期限了，眼下你既没有时间去购物，也没有时间动手做。

"但你自己说过你想亲手做些什么的！"珍伯母云淡风轻地说。当下你只能提出去蛋糕店买一个，她先是叹了口气，最后说："那就去买现成的吧，我相信肯定没有你自己做的好吃，但是没关系。如果我早知道你这么忙，就不会打电话来问你。"

挂了电话，你感到很困惑。你确实说过要带点自己做的东西，而且你也真的很想为亲爱的艾拉伯伯亲手做点什么。然而现在却让伯伯伯母都失望了，怎么会这样呢？

第一阶段：关键的转折点

第一阶段煤气灯操控的棘手之处在于，它的程度看起来很轻——只是一点儿小误会，只是片刻的不适，只是偶尔的小脾气或小分歧。如果你从来没有把煤气灯操控看成问题，你甚至不会注意到这些微不足道的小事。即使你对煤气灯操控有很高的警惕心，你也很难分辨像上面的这些小事哪些可以忽略不计，哪些的确是你的问题，哪些又是破坏性的警示信号。

然而，第一阶段的煤气灯操控往往被证明是一段关系中最重要的转折点。有时，一段关系的走向——陷入或摆脱煤气灯操控，正是取决于被操控者的反应。因此，明确、果断地拒绝第一阶段的煤气灯操控可能会帮你把这些迹象扼杀在萌芽状态，从而建立更健康的关系。（别担心。继续往下读，我会向你展示如何摆脱第一阶段的煤气灯操控。）

有时候，一段关系可能持续几周、几个月甚至几年都比较健康，这样的情况下也可能发生煤气灯操控。你们长时间待在一起，这种习惯会让你更难意识到配偶、朋友或老板正在对你进行情感操控。然而，越早意识到并停止这种操控模式，你就越有机会恢复你们之前健康的关系。

同样地，尽早识别出第一阶段的煤气灯操控可能会帮你更早地确定，一段新的或正在发展的关系对你来说很不合适，而且痛苦要小得多。你可以选择结束恋情，放弃友谊，或者至少降低联系的频率。如果你无法回避你的煤气灯操控者——亲戚、老板或同事——你可以减少与他的接触，减少情感投入。

另外，在初期阶段识别煤气灯操控，能够帮你意识到自己有可能会跳上煤气灯探戈。现阶段是练习如何回应的最佳时机，改掉那些容易受到煤气灯操控的反应，因为目前煤气灯对你的影响还在可控范围内，你的自我认知也相对完整。

因此，让我们先来看看进入第一阶段煤气灯操控的一些迹象。正如你所看到的，其中有些内容是相互矛盾的，而且都可以从不同的角度解释。但是，如果你在阅读以下清单时，会产生焦虑或悲伤的认同感，或者其中任何一个迹象给你敲响了警钟，一定要重视起来。你的反应越强烈，越能说明你已经进入了煤气灯操控的第一阶段。

进入第一阶段的迹象

与爱人或配偶

- 你们经常争论谁对谁错。

- 你很少关注自己的喜好，反而花更多时间纠结他是不是对的。

- 你不明白为什么他总是对你评头论足。

- 你经常感觉到他在扭曲现实——对事情的记忆或描述与实际情况大相径庭。

- 他看待事物的方式常常让你觉得不可理喻。

- 在你的印象中，这段关系进展得非常顺利，"除了"一些一直萦绕心头的小困扰。

- 当你描述他的想法时，你的朋友会像看疯子一样看着你。

- 当你试图向他人或自己描述你在这段关系中的困扰时，你说不出问题在哪儿。

- 你不会告诉朋友那些令你困扰的小事，你宁愿选择忽略不提。

- 你会主动与那些认为你和他关系很好的朋友保持亲密联系。

- 你认为他很有主见、很负责任，而非控制欲强、吹毛求疵。

- 你认为他浪漫迷人有魅力，而非不可靠、捉摸不定。

- 你觉得他通情达理、乐于助人，但是你会想，为什么你不觉得这段关系给你带来了更好的体验呢？

- 和他在一起，你会有被保护的安全感，不愿意因为偶尔的不良行为放弃这种安全感。

- 当他占有欲强、喜怒无常或心事重重时,你会看到他的痛苦,并想帮他减轻压力。

- 你骂他,他却无动于衷。但你一直希望他有一天会改变。

与上司或老板

- 你的老板总会当面评价你,而且大部分都是负面评价。

- 你的老板会当面称赞你,但你感觉他会在背后贬低你。

- 你觉得自己无论做什么都无法取悦老板。

- 你以前觉得自己能胜任工作,现在却不这么认为了。

- 你总在跟同事打探别人对你的看法。

- 下班后,你会不断地回想与老板的对话。

- 当你回想你跟老板的对话时,你不知道谁是对的。

- 当你回想你跟老板的对话时,你记不清他说了什么,但你知道自己被打击了。

与朋友

- 你们经常发生分歧。

- 每次分歧似乎都变成了个人恩怨,即使实际上一切与你无关。

- 你不喜欢朋友对你的看法,常常试图改变她的观点。

- 你会回避某些话题。

- 你觉得自己被朋友贬低了。
- 你发现自己不想与这位朋友有更亲密的进展。

与家人

- 你的父母或亲戚眼中的你与你自己眼中的你不一样，他们很乐意评价你。
- 你的兄弟姐妹经常指责你的某些行为或态度，而你却不相信他们说的话。
- 你无法理解兄弟姐妹对你，甚至对他们自己的印象，但他们坚持让你认同他们的想法。
- 你的兄弟姐妹总觉得你还是个孩子。如果你是家里最小的一个，他们会像对待小孩一样对待你；如果你是家里最大的那个，他们会觉得你在对他们颐指气使。
- 你经常为自己辩护。
- 你觉得自己总是做得不够。
- 你觉得自己不是听话的好孩子，因为你总是在提要求。
- 你经常感到内疚。

谁疯了？是我还是他们？

每次坐飞机，我都焦虑不安。尽管从理论上来说，发生飞机事故的统计学概率比开车出城发生事故的概率要小得多。但是，只要空气中有一点儿乱流，我就马上觉得飞机要坠毁了。我知道这种可能性很小，可万一真的发生了呢？我到底什么时候应该听从自己的感觉，什么时候可以忽略它们？

几年前，一位老朋友给了我一些安慰性的建议，让当时陷入两难境地的我受用不尽。她跟我说："你可以看看乘务员，他们大都清楚飞行状况。如果他们表现镇定，你就可以放松下来，忽略胃部的紧张感。但如果他们一直面面相觑或小声议论，你再开始担心也不迟。"

当我的来访者问我如何分辨他们是否被煤气灯操控时，我常常会想起这位朋友的建议。毕竟，每段关系都会有进展不顺的时候，每个人身上也都有各自的缺点。那么，如果你的男朋友讨厌独自待在电影院，你的老板在你迟到的时候表现反常，年迈的珍伯母把对丈夫生日的紧张情绪发泄在你身上时，你会怎样呢？事实上，我在本章开头提到的这几个案例都不算严重，跟我坐飞机时遇到的情况差不多，只是轻微的动荡和颠簸而已。

不过，有时候警告信号确实预示着危险，如果放任不理就太不明智了。所以我的建议是，向你的"空中乘务员"求助。找一些值得信赖的参照物——其他人、你的直觉或内心的声音，来帮助你分清什么时候可以适度焦虑，什么时候可以忽略你的感觉。

一些可能发出危险警示的"空中乘务员"

- 经常感到困惑或迷茫

- 做噩梦或不安的梦

- 记不清与煤气灯操控者之间发生的细节

- 身体预兆：胃部下沉、胸闷、喉咙痛、肠胃不适

- 当他打电话给你或他回到家时，你会感到恐惧或警惕

- 拼命想让自己或朋友相信自己与操控者的关系很好

- 忍受对方侮辱你的人格

- 值得信赖的朋友或亲戚经常对你表示担心

- 回避你的朋友，或拒绝与朋友谈论你跟操控者之间的关系

- 生活毫无乐趣

第一阶段的煤气灯操控很难被察觉。它可能还没有显示出我们传统观念中与情感虐待有关的任何迹象——侮辱、刻薄言论、贬低或控制行为。第一阶段甚至可能不会出现情感末日，也可能后期会出现。但是，即使在初期阶段，煤气灯操控也会严重扰乱和破坏我们的生活，因为我们渴望赢得操控者的认可，或许已经开始将他理想化，在心底认定这个人知道"我们是谁"，如果他觉得我们不好，那他肯定没错。于是，为了努力证明我们其实很好，我们会选择当面与他争论，或者满脑子都在想着如何让他相信。因为一心只想赢得他的认可，却反倒看不清楚他的不良

行为。

你隐约感觉到有什么地方不对劲，只是不太确定，但这或许是你能够发现问题的唯一线索。比如，与约会对象看电影的那个案例，你知道自己只是离开了几分钟，电影还没开始，而且即便你离开的时间稍微长了一点儿，你也没有做错什么。但是你的约会对象却极度恼怒，认为你的行为很差劲。摆在你面前的，有两个选择。

- **远离煤气灯操控**。如果你能保持坚强、自立，不在意约会对象的认可，坚定自己的现实感，你也许会把他的恼怒看作是他焦虑的反映。"没事，他只是对约会感到紧张"，你可以这样想，或者"他这个人哪怕独处五分钟都会焦虑"。不管怎样，你都知道这是他的问题，跟你无关，这样你就拒绝了被煤气灯操控的机会。（然后，你再决定是否要继续和一个这么容易生气的人交往！）

- **陷入煤气灯操控**。如果你已经坚信这个男人很不错，你希望他爱你，那么即使是在初期阶段，你也会想方设法争取他的认可。在那种情况下，你会因为他的恼怒而自责。你会开始反思，也许自己太不体贴了，问自己为什么这么粗心，甚至怀疑自己的时间观念。你害怕如果这个好男人觉得你冷漠，你就是真的冷漠，而证明你并不冷漠的方法就是去赢得他的认可。于是，煤气灯探戈开始了。

同样，在跟新老板沟通的案例中，你知道自己上班迟到是因为前一晚狂欢过度。但老板却坚持用你想不通的理由来解释你的迟到。因此，你同样有两个选择。

• 远离煤气灯操控。如果你对自己和自己的工作比较自信，你不会太在意如何赢得上司的认可。当然，你希望她喜欢你，能分配给你重要的工作，但她对你的评价并不会改变你是谁。有了这样的自我认知，你就能无视她离奇的解释，成功躲开煤气灯操控。你会想："哇，这个女人的思维真奇怪。我可不能再迟到了，否则还会听到更多奇怪言论！"

• 陷入煤气灯操控。如果你觉得自己是否是聪明能干的好员工完全取决于老板对你的认可，你就会开始思考她可能说得有道理。也许你真的在逃避什么，也许你在工作中感受到了某种威胁，也许你恣意地狂欢晚归是在自毁前程。在明知她的这些说辞并非事实的前提下，一旦你开始接受，你就只会进一步被她操控。

在与珍伯母的交流中，你可能也会感到沮丧和困惑。珍伯母暗示说，先提出要亲自下厨的是你，真让你做你又拒绝，这种包含一定事实的说法足以让你乱了阵脚。现实情况是，你确实提出过要亲手做，但珍伯母拒绝了你的提议，之后你就去做其他事情了。因此，两难抉择，你会怎么选？

• 远离煤气灯操控。如果你对自己认知正确，清楚地知道自己是一个善良、有爱心且慷慨大方的人，你就能看清现实，而珍伯母对事实的歪曲也不会让你太困扰。你不仅不会理会她对你的错误评价，你甚至会用同情的眼光看她，提醒自己她大概是在紧张生日派对的事。

• **陷入煤气灯操控**。如果你跟我们中的许多人一样，非常在意家人如何评价自己，那么珍伯母对事实的歪曲可能会让你跳进争论的陷阱。在这个陷阱中，自己知道真相还不够，你还必须说服珍伯母认同；否则，她说的可能就变成了真的——你自私自利、不关心家人。所以，你拼命想要说服她相信你的本意是好的，或者情绪激昂地和她争论事情的原委。你甚至会去熬夜烤蛋糕！那时候，你就跳起了煤气灯探戈。

以下情况，更容易发生第一阶段煤气灯操控……

• 你很容易被那些振振有词的人动摇。

• 你非常能够体恤那些看起来很受伤、沮丧或需要帮助的人。

• 你渴望自己是对的，并希望别人认为你是对的。

• 被他人喜欢、欣赏或理解对你而言非常重要。

• 能够解决问题，确保一切顺利对你而言非常重要。

• 你有很强的共情能力，而且很容易向操控者的想法妥协。

• 你渴望维系好这段关系。

• 你想凑合着维持这段关系，因为心里很难放下对方。

• 你渴望保持你对操控者的好感。

• 你很难承认别人对你不好。

• 你对分歧或冲突感到不安。

• 你更愿意依赖他人，而不相信自己。

- 你经常担心自己不够善良、不够能干或不值得被爱。
- 你已经把操控者理想化或浪漫化了，或者已经付出了很多来维系这段关系，你想赢得对方的认可。

当批评成为一种武器

假设你正在跟一个时不时会发脾气且会大喊大叫的男人交往。你讨厌被吼，但你愿意忍受。所以当他开始大声说话，你会平静地说："请不要对我大喊大叫。别吵了，去睡觉吧。"

太好了，一切相安无事，没有人被煤气灯操控，这场争论也会自然消失。但如果你的男朋友说"我不明白你为什么要这么敏感！"或者"我可没有大喊大叫，我只是正常在说话"呢？

眼下你有几个选择。如果你说"我不想继续这段对话"，或者"我觉得我们看待问题的角度不同"，甚至"你可能是对的"，你同样可以在保留完整自我认知的同时结束这场争论。注意，这里你并没有说你的男朋友是对的，只是说他可能是对的。你承认你们是两个不同的个体，存在截然不同的观点——拒绝趋同心理，这是一种很好的保护措施，可以有效防止煤气灯操控。

但是，如果你发现自己开始质疑自己是否真的太敏感了，或者男朋友是否真的只是在正常说话而没有大吼，那么，你是在虚心"接受批评"——这通常是件好事，还是只是在向第一阶段的煤气灯操控屈服？

再次强调，两者之间的差别微乎其微。有时候，我们所爱的人的表达方式确实与我们不同，所以我们眼里的"吼叫"在他们看来只不过是"充满热情但正常的声音"。有时候，他们的见解和看法虽然会与我们的相悖，但可能确实对我们有帮助。学会用爱人的眼光看待自己，可以极大地促进个人成长，就像所有的重要关系里，都少不了接受批评。

然而有时候，煤气灯操控者会把批评当作对付你的武器——让你感到焦虑和脆弱，沦为一摊烂泥。你无法忍受他对你的糟糕评价，你害怕如果他说你冷漠、胡闹或无能，他说的可能就是真的，而你极度不想成为那种人。这时候，批评就成了他的情感末日，因为你非常容易被这些批评影响。

煤气灯操控者的批评中可能有一部分是事实，但它只能起到破坏作用而毫无帮助。例如，亚伦指责特蕾茜经常逾期支付信用卡账单，并因此产生了好几笔滞纳金，但他还说她在支付账单时可以更加谨慎、按时还款。这一点其实没有错，只不过如果他以一种关爱和帮助的方式提出来，特蕾茜可能会听从他的建议，并从中受益。但亚伦却利用事实编造了夸大的谎言——特蕾茜处事幼稚、不负责任，没有能力管理好自己的钱财；她挥霍无度，会毁掉他俩的生活。事实并非如此，但特蕾茜却隐隐担心，如果亚伦认为她"这么差劲"，也许她就是"这么差劲"。她不顾一切地试图说服亚伦改变自己的观点，其实是想向自己证明，她不像他说的那样不负责任、不够成熟。

因此，如果有人批评你，而你感到伤心、焦虑，那么你也可以向你的"空中乘务员"求助。你的好友或者可靠的直觉都可以帮你决定是选择敞开心扉倾听，还是强烈抵制任何负面意见来保护自己。一旦你感觉自己受到了伤害或攻击，你就应该停止听信别人的话，同时应把注意力拉回到这个重点：不管你做了什么，或者没做什么，你都不应该被这样对待。

一些可能发出危险警示的"空中乘务员"

- 经常感到困惑或迷茫

- 做噩梦或不安的梦

- 记不清与煤气灯操控者之间发生的细节

- 身体预兆：胃部下沉、胸闷、喉咙痛、肠胃不适

- 当他打电话给你或他回到家时，你会感到恐惧或警惕

- 拼命想让自己或朋友相信自己与操控者的关系很好

- 忍受对方侮辱你的人格

- 值得信赖的朋友或亲戚经常对你表示担心

- 回避你的朋友，或拒绝与朋友谈论你跟操控者之间的关系

- 生活毫无乐趣

　　我认为这一点太重要了，有必要再多强调几遍。以伤害对方为目的的批评不要听，尽管批评的内容中可能包含一定的事实。如果你的"空中乘务员"告诉你，有人把事实当作武器，那你就不要再听，立刻停止和此人的对话。否则，你很有可能陷入煤气灯探戈。

意在伤害对方的批评通常……

- 包含谩骂、夸大或侮辱

- 在争吵或愤怒的交流中出现

- 在一方想要赢得争论的时候出现

- 在你反对或希望结束对话的情况下出现

- 似乎会无缘无故出现

- 会将问题的焦点从对方转移到自己身上

- 会在你不知道如何回应的时候出现

解释陷阱

　　我的朋友莉娅是一位年近 60 的小企业主。莉娅身材娇小，满头银发，性格直爽，有着出人意料的幽默感。经历了一段漫长的婚姻后，她不幸成了寡妇，最近正在尝试重新开始约会。在一个朋友的晚宴上，她坐在了一个叫马特的男人身边。不过，在这个男人面前，她表现得有些保守，并没有完全敞开心扉——他看起来有点儿傲慢又有点儿拘谨，但当他约她周六晚上出去时，她还是愿意跟他有进一步的接触。

整整一周，马特都在发邮件，说自己有多么渴望见到她，但始终没有给出一个明确的计划。然后，到了周六下午，他打电话来，说家里有急事，不得不取消这次约会。尽管他不停地道歉，但莉娅还是对周六晚上约会失败的事情耿耿于怀。

周一的时候，马特打电话给莉娅，打算找时间再约一次，但考虑到她和他的日程安排，下次见面的时间得在 3 周以后。"哎，这可太糟糕了，"马特说，"现在我觉得更遗憾了。你确定不能再挤一挤时间吗？我真的很想快点见到你。"

莉娅表示自己确实没时间，只能后边再约，但显然马特不太高兴。于是，莉娅开始陷入不安：万一他是因为发现自己对他有所保留，才取消约会的呢？如果她没有想办法尽快见到他，反而错失两人关系进一步发展的机会呢？显然，马特对取消约会的事感到很抱歉，他一直在说自己感觉有多遗憾。难道他不应该得到第二次机会吗？也许如果她能多体恤一下他的难处，他就会更积极主动一些。

莉娅在跟我转述之前，已经想好了如何解释整个事件。她认为，因为她跟马特约会时有所保留，一定程度上把他推开了，他才故意取消了约会。而她没有尽快与他重新安排约会，再一次疏远了他。因此，他表现出的坏脾气或不满，显然都是她的疏远造成的。

"但是，莉娅，"我对她说，"你漏掉了故事中最关键的信息：临时取消约会的那个人是马特。即使你能理解他为什么这么做，即使你对他行为的解释都是正确的，但他确实取消了约会。现在你只是在选择性地看待他的行为，哪些可以解释，哪些你故意视而不见，但解释并不意味着事情没有发生。"莉娅想要通过解释来掩饰马特的不良行为，这让她进一步陷入马特的煤气灯操控之中。她没有看清马特的真实面目，而是凭借她的解释，看到了他希望自己在别人眼中的样子。

在我看来，莉娅陷入了"解释陷阱"，即想方设法掩饰那些困扰她的行为，包括煤气灯操控。我们并没有让这些初期的危险征兆敲响警钟，反倒是找了看似合理的解释，向自己证明这些危险信号其实并不危险。与所有的煤气灯操控一样，"解释陷阱"之所以会影响我们，是因为在某种程度上，我们迫切希望这段关系能够成功，我们认为这段关系最终会为我们赢得操控者的认可，而他能让我们觉得自己善良、能干、值得被爱。因此，我们会寻找各种理由来屏蔽令人不快的事实，并将操控者理想化。以下是你可能陷入"解释陷阱"的三种方式。

"与他无关，都是我的错。"

在这里，我们会把关系中出现的一切问题解释为是我们自己造成的。因此，莉娅认为马特取消约会并不是因为他焦虑、粗鲁或者家里有急事；相反，是她自己的想法、感觉和行为促使他做了这个不愉快的决定。这种解释吸引了我们中的很多人，因为它给了我们一种暗示:我们是无所不能的。如果煤气灯操控者的不良行为都是我们造成的,那么我们就彻底掌控了局面。我们要做的就是更加努力,关系一定会得到改善。

"他感觉很抱歉。"

在这里,我们会把对方的悲伤、愤怒或沮丧与真正的遗憾混为一谈。所以,莉娅一直跟我说,马特取消约会以后感觉非常抱歉。的确,当马特看到重新安排约会时间很困难时,他很可能会为取消约会而倍感遗憾。但他的难过都是为了自己,因为他想要的计划难以实现。他从来没有意识到莉娅可能会因为他取消约会而感到孤独、伤心和困惑,只知道这样做给自己带来了不便。看到马特如此难过,莉娅自欺欺人地相信他真的在乎她,他确实是个谈恋爱的好对象。在幻想中,她看到的不是一个几乎不关注自己感受的自私鬼,而是一个对自己的所作所为小心翼翼又敏感体贴的好男人。

"无论他怎样,我都不会被影响。"

如果其他解释都行不通,我们还是可以试着说服自己,我们是,或者应该是,不受他人的不良行为影响的。莉娅最终无法阻止马特取消约会,但她可以试着不介意这件事。有时,我们只是"决定"不去介意某个行为;有时,我们会像莉娅一样,索性忘记它的发生。无论如何,我们都在努力让自己看起来更强大,好让煤气操控者的行为影响不到我们。一位来访者曾对我说:"无论他做什么，我都一样爱他。这不就是'无条件的爱'的真谛吗？"

在我看来，所谓"无条件的爱"的问题就出在这里，这是一种脱离恋爱关系的不切实际的观点。看看这个无条件的爱人到底说了些什么？"无论你怎么对我，无论你做什么，我对你都是一样的感觉。别想改变我！你可以毁约，但我对你的感觉始终如一。你可以无视我的感受，只专注于你自己的感受，甚至不管你是否给我足够的关爱，我对你的感觉都不会有任何改变。你可以侮辱我、无视我，或者提出无理要求，我不会受到任何影响。这就是我的优点，也是我对你的爱。说到底，你和你的行为并不重要，重要的是我和我的爱。"

别误会我的意思。我完全认同人们在一段关系遭遇坎坷的时候要坚持。我也相信任何恋爱关系都需要一定程度的自我牺牲。我知道爱情并不总是一帆风顺。但爱情的本质就是一种关系，任意一方的举止都会影响另一方，这既是好事也是坏事，既是爱情的痛苦也是爱情的喜悦。我们不可能不被对方影响，如果可以，我们自己就能建立一段关系了。

但为什么我们会执着于追求"无条件的爱"？也许，我们中的许多人都曾发现，爱是一种难免会让人失望的体验。我们的家人、朋友和恋人不会一直对我们那么好。在我们成长的过程中，我们可能会经历父母的辜负、恋人的背叛，同事和朋友可能一再让我们失望。我们会自觉或不自觉地发现，爱对我们来说真的不是一道选择题，我们永远也不会遇到能够真正无私付出、倾尽一切来共情我们的感受，并支持、关心我们的人。

为了避免这种令人难堪的担忧，我们会尝试自己解决问题，把自己重新塑造成一个强大、独立、无所不能的人。实际上，我们试图通过让自己变得更好来弥补爱人的缺点。我们不会想着看清父母、爱人或朋友是怎样的，也不会问自己这个人到底有什么能力，而是一味地幻想这段关系可以怎样，把所有的注意力都放在自己在这段关系中的角色上。

我们不关注自己在这段关系中的真实感受是满足还是空虚，是被爱还是被忽视，而是坚持幻想，如果我们不那么自私，多一点儿付出，多一点儿爱，我们会怎样。这样，我们只会让自己在煤气灯操控中越陷越深。只要我们的内心深处还有一丝认为我们需要煤气灯操控者的认可才能提升自我感觉，增强自信心，强化我们在这个世界上的自我认知，我们就只能是煤气灯操控者的待宰羔羊。

记住煤气灯操控的原理：你的煤气灯操控者，即使他在某些时候能真正与你建立联系，会极度渴望通过向你证明他是对的，并要求你的认同来重建他的自我和权力意识。无论他如何谈论你和你的感受，他真正关心的事情只有一件，就是让你认同他是对的。

但是，如果你陷入了"解释陷阱"，你可能会试图找到某种方法来掩饰这种行为。你太想赢得煤气灯操控者的认可，太想把他理想化，以至于忽略了他的行为，只关注他的言语。

例如，马特一直说他想和莉娅约会，但他非但没有制订具体的约会计划，反而破坏了约会。他从来没有真正关心过莉娅的感受，唯一在意的就是自己是否方便。莉娅没有意识到自己有多讨厌马特的行为，而是把责任抛给自己，编造了一个让人听上去会

觉得安慰的解释，把所有的错误都推到自己身上，好像自己完全
有能力解决这些问题。

就像马特漠视自己一样，莉娅也用自己的方式漠视马特。她
没有把注意力放在现实中那个破坏约会然后抱怨还要重新安排时
间的男人身上。相反，她幻想了一个体贴、孤独的男人形象，只
要她表露自己的真心，他就会用心对待她。然后她只怪自己不够
深情。

如何摆脱"解释陷阱"？随时关注你的"空中乘务员"。他们
会帮你看清真正能说明问题的解释和让你忽略现实的解释之间的
区别。如果你感到焦虑、不安或困扰，不得不一遍又一遍地重复
你的解释，对自己或对朋友，这就足以说明你在试图解释一些事
情。真正有用的解释给人带来的是理解和同情的释然，而"解释
陷阱"往往只会助长它想要一再压制的焦虑。

找到"空中乘务员"的几种方法

在实践以下方法时，你可能会出现不舒服的感觉。没关系，这
恰好说明你正在获取解决问题所需的内在智慧。坚持住，分析这些
感觉，看看有没有什么新发现。

- 写日记。如果你感到困扰或不安，那就坚持至少一周写日
  记，每天至少写 3 页。尽可能快地写，不要停下来进行自我
  审查或斟酌自己的想法。等待真相自动浮出水面。

- **冥想。**冥想是一种能让头脑清醒、保持镇静的活动。许多人表示，每天只需冥想 15 分钟左右，就会发现内心的明净，内心最深刻的想法和感受也会浮现出来。

- **动态冥想。**通常来说，像瑜伽、太极拳和各类武术这样身心合一的锻炼方式，都属于动态冥想。这些运动会让你的身体更加灵活，同时有助于打开你的思想、心灵和精神。它们是恢复你的独特视野，重新联结你最深刻、最真实感知的绝佳方式。

- **学会独处。**很多时候，我们的生活忙忙碌碌、按部就班，导致我们没有时间与内在自我进行沟通。心理学家托马斯·摩尔将灵魂比作"害羞的野生动物"，暗示我们要在森林边耐心等待它的出现，并分享它的智慧。如果你感到与外界脱节或困惑迷茫，那么你需要花些时间来重建联结。

- **花时间与朋友或家人在一起。**有时候，即使是在第一阶段的煤气灯操控，你也会发现，除了与操控者有接触，自己变得越来越与世隔绝。即使你没有和那个令人烦恼的男朋友、女朋友、同事或老板待在一起，你满脑子也都是他或她可能会说什么、想什么、有哪些期待和要求。多跟一个能像你看待自己一样看待你的人在一起，是重拾自我认知的绝佳方式。

摆脱煤气灯探戈

　　煤气灯操控的第一阶段是一段特殊时期，是三个阶段中唯一一个你不仅有机会停止煤气灯探戈，而且还可能完全摆脱它的阶段。那么，如何摆脱煤气灯探戈呢？以下是一些具体建议。

与约会对象

- **注意观察**。留意你认为重要的事情和他认为重要的事情之间的差距。

- **厘清自己的想法和判断**。如果他因为一些事指责你，那么你可以问问自己是否认同他对你的评价。

- **保持幽默感**。如果在某件事情上，他似乎比你更认真，那么你要坚守自己的感觉，甚至那些荒谬至极的想法。

- **坚信自我，不参与争论**。通常，当有人指责你做了荒谬的事情时，什么都不说才是最好的回应。试图证明自己多么正确，势必会触发煤气灯探戈，因为这支舞就是由对认可的需求所驱使的。

- **关注自己的感受**。约会过程中，你会发现自己有这些感觉吗？恼怒？焦虑？欣喜若狂？也许现在说这些感觉意味着什么还为时过早，但至少你可以注意到自己有这些感觉。

- **保持清醒的头脑**。约会结束后，再次审视自己，了解两人关系的整体进展。如果好的方面多于坏的方面，你很可能还想再见到这个人，但也要记住那些让你感到困惑或困扰你的部分。

与老板或上司

- **看清操控模式。**虽然老板对你进行了煤气灯操控，暗示你情绪不稳定、无法承受压力，但你还不知道他是一直都在进行这种操控，还是只在某些情况下才这样做，比如当你犯错、表现特别好或似乎遇到什么困难时。了解老板的操控模式可以帮助你弄清自己的容忍度。

- **了解老板的底线。**煤气灯操控是否一定会招致惩罚——改变工作安排、克扣工资、解雇，还是只是一种心理游戏？同样地，看清形势以后，你就能清楚自己的处境。

- **限定联系边界。**有些老板在我们的工作中属于核心人物，需要经常接触，而有些则很少参与到我们的工作中，更多的是私下联系。没有人喜欢被上司操控，但如果老板在你的日常工作中扮演的角色不太重要，那么你可能更容易忍受他的行为。

与家人

- **拒绝争吵。**这条建议知易行难，你可能已经听过很多次了。然而，这能很好地帮你避免与父母、兄弟姐妹或脾气执拗的珍伯母跳煤气灯探戈。尤其是在家人之间，这种操控模式更难打破。拒绝参与煤气灯操控者的对话往往是最有力的回应。

- **放弃那些一定要别人认为你正确的执念。**一旦你需要别人认为你是正确的，你就有可能被煤气灯操控。我不是说让你放弃在内心认定自己是对的。但是，只要你真的不在乎亲属如何看待你的对错，你就能很好地摆脱家人的煤气灯操控。

- **放下被理解的追求。**一位来访者曾经问我："我理解他们，但他们为什么不能理解我呢？"被人误解的感觉很难受，要是误解你的是你的家人，那就更难受了。因此，一味追求被理解也会让你的煤气灯操控者有机可乘。

停止煤气灯探戈

即使是第一阶段的煤气灯操控也足以诱使我们跳上煤气灯探戈。一旦跳起了这支舞，该如何停止呢？以下是一些具体建议，这些建议对任何阶段的煤气灯操控都有效，但在第一阶段尤其有效。

不要问自己"谁是对的"，问问自己"我喜欢被这样对待吗？"

正如我们所看到的，让我们陷入煤气灯操控关系的最大诱因之一就是我们需要确保自己是对的。担心自己不够好，担心自己太敏感，担心自己把事情搞得太复杂，就会让你变得越来越沉默，更容易受到他人的操控。但是，如果你注意一下别人是如何对待你的，就能消除很多疑惑。

回到本章开篇的那个案例，假设你的男朋友抱怨你把他一个人留在电影院，不要问："他说得有道理吗？"相反，问问自己：

"我喜欢和这样跟我说话的人在一起吗？"如果他与你分享他的感受，让你感到开心，对他准确地指出你的问题，你感到懊恼，或者你对这件事根本就无动于衷，那就没有什么问题，尤其是你大部分时间都喜欢和他在一起（这样就更不需要担心）。如果这件事让你感到刺痛、愤怒、纠结或困惑，那就允许自己有这些负面情绪，让这种不愉快的经历成为你判断是否要继续和这个男人交往的依据。

不要担心自己"好不好"，因为你已经足够好了！

我们中的许多人都一心想成为"好女孩"或"好人"。无论我们怎样定义"好"这个词，自我评价"好"对我们来说都极其重要。我们拼命想让别人觉得自己友好善良、慷慨正直、善解人意，对伴侣的需求有求必应。我们不关注伴侣是如何对待我们的，反倒把所有注意力都放在了自己的表现上。在一段关系中，这或许是让人承担责任的一种有效方式，但也会掩盖很多信息，让我们看不到事实上我们的伴侣对我们并不好，对此，我们真的不应该忍气吞声。如果你发现自己一直在担心自己做得不好，你可以尝试将焦点转移到你是否相信自己的感受和行为是诚实的，并问问自己这段关系中的所有"良好表现"是不是都跟自己有关。如果你的伴侣真的在用煤气灯操控你，那么这段关系不会因为你是"好人"而有所改善；只有退出煤气灯探戈，这段关系才会变好，跟自己"好与不好"无关。

事实性的东西无须争论

如果你知道一件事情的真相，就没必要争论。事实上，争论只会让你觉得自己疯了。争论一些简单的话题，如"我没有离开20分钟""我没觉得这份工作有什么威胁""最后我并没有同意做蛋糕"等，其实都说明现实情况存在争议，而且如果你听到更合理的观点，你可能会改变自己的立场。你这样做，其实是在向你的煤气灯操控者发出邀请，让他用事实或情绪化的陈述来打击你，直到你最终屈服。

比方说，你会和一个4岁大的孩子争论月亮是否会掉到地球上，糖果是否可以代替蔬菜，或者他是否可以熬夜而永远不累吗？不会，因为你知道自己是对的，4岁的孩子说什么也改变不了你的想法。更重要的是，你想让他明白，你不愿意在这些问题上争论。你知道什么是对的，这就足够了。即使你的煤气灯操控者不是小孩子，你也要给他同样的信号：有些事情是不容争辩的。

始终坚守自我认知

这一点可能很难，因为煤气灯操控者在关于"你是谁"的问题上，总会给你负面评价，而这些评价本身可能包含一定的事实。你的任务就是抵制这种作为武器的批评，坚持真实、平衡和有同情心的自我评价。面对操控时，这并不容易，但对于维护自我认知很有必要。

因此，如果煤气灯操控者说"你真健忘"之类的话，你的内心对话不外乎以下三种。

① "他说得对吗？我真的这么健忘吗？我上一次忘事是什么时候？我想不起来了。但我觉得他这次真的太夸张了！"

② "他说得对吗？我真的这么健忘吗？我上一次忘事是什么时候？好吧，上周我确实忘了买牛奶，也许他说的是这件事。再往前一周我还忘了去拿干洗的衣服。但是，两件小事加起来还算不上'健忘'，所以没什么好担心的。"

③ "他说得对吗？毫无疑问，他肯定是对的！我从 5 岁起就很健忘。我就是'健忘专家'的鼻祖。但是，那又怎样呢？他不可以利用我的缺点来对付我，也不应该用这种方式打击我的自信。我可不会把注意力放在这个缺点上，我也不想让他过多关注这个问题，因为这没什么大不了的，我在其他方面真的很优秀。"

练习退出与煤气灯操控者的争论

再次强调，不要纠结谁对谁错。重要的不是谁能赢得争论，而是你希望得到怎样的对待。下文中列出了几种你可以用来避免争论对错的策略，可以结合你和你的操控者的性格进行相应修改。

沟通的时候如果以"我爱你"开头，有些男人会更愿意倾听，比如"我爱你，但我现在不想谈论这个，我们以后再说"。但如果你在开场白中加入感情色彩，他们就什么都听不进去了，只剩一句清晰的命令："不要再说了！"你可以尝试以下说辞，找到最适合你的方式。

避免争论对错时可用语录

- "你说得对，但我不想继续争论了。"

- "你说得对，但我不喜欢你跟我说话的方式。"

- "没有争吵谩骂的话，我很乐意继续这场对话。"

- "现在谈论的话题让我很不舒服，我们以后再谈吧。"

- "我认为这次谈话可以到此为止了。"

- "我觉得我现在没有建设性的想法，我们下次再谈吧。"

- "我想我们必须允许双方保留不同意见。"

- "我不想再继续争论下去了。"

- "现在停止对话吧。"

- "我明白你的意思，我会考虑的，但我现在不想继续谈下去了。"

- "我真的很想继续谈下去，但除非我们能用更愉快的语气谈，否则没必要继续了。"

- "我现在的感觉很不好，我不想继续谈下去了。"

- "你可能没有意识到，你在指责我不知道什么是事实。恕我直言，我不同意你的看法。我爱你，但我不想再跟你说这个。"

- "我喜欢跟你进行密切交谈，但不是在你贬低我的时候。"

- "也许你无意贬低我，但我觉得被贬低了，我不想再继续说下去了。"

- "现在不是谈论这个的好时机。让我们另选一个合适的时间吧。"

允许自己生气，但是不要陷入有关你的感受或者你是否有权利被倾听的争论中

愤怒可以很好地表达自己的感受，但是争论只会让你越陷越深。你可能会发现，选择一句话来总结你的想法，然后简单地重复这句话非常有效。同样，选择最适合你和你当前处境的话语风格。必要的话，多多尝试，直到找到适合自己的方式。

可以表达愤怒但能避免争论的语录

- "请不要用那种语气跟我说话，我不喜欢。"
- "你一大喊大叫，我就不明白你到底想表达什么。"
- "你一用轻蔑的语气跟我说话，我就不明白你到底想跟我表达什么。"
- "你冲我大吼的时候，我不想跟你说话。"
- "当你轻蔑地对我说话时，我不想搭理你。"
- "我不想再继续争论下去了。"
- "在我看来，你是在歪曲事实，我真的不喜欢这样。等我冷静下来再跟你说。"
- "也许你无意伤害我的感情，但我现在太难过了，不想说话。我们以后再说。"

　　总的来说，想要停止煤气灯探戈非常具有挑战性，特别是当你已经配合跳了一段时间，无论是跟这个舞伴还是其他人。你可能会发现在这个过程中的很长一段时间都非常痛苦，或者你们之间的关系已经非常健康，只是偶尔才会出现被操控的情况。别担心，大多数变化都是这样——偶有反复，但会一点一点改善。坚持下去，就会有进步。如果你没有收获自己想要的效果，那就考虑找一个治疗师，加入一个帮助小组，或找寻其他形式帮助自己。

　　当你仍然坚守自己看待问题的方式，能在第一阶段就停止跳煤气灯探戈，你已经处于领先地位了，因为你避免了进入第二阶段甚至第三阶段。在下一章中，我们将会看到，越是执着地想要赢得操控者的认可，就越是难以停止煤气灯探戈。所以，看清现实，越早退出这种模式越好。

第 4 章

第二阶段："或许你说得有道理。"

凯蒂和布莱恩在一起好几个月了，煤气灯操控逐渐开始对她产生了影响。一开始，当他们外出约会，布莱恩指责凯蒂和其他男人调情时，她总是感到很抱歉，心平气和地安慰布莱恩不要胡乱猜疑。但她知道自己并没有做错什么，她也想让布莱恩明白这一点。那时，凯蒂还处在煤气灯操控的第一阶段。

　　但是，没过多久，凯蒂开始怀疑自己可能真的在和别的男人调情。在一次治疗中，她告诉我："我不觉得我在跟别人调情，那可能是我无意识的举动，我自己感觉不到。但布莱恩就是这么说的，他说我控制不住自己，他说不管我有没有意识到，所有人都看到了，那就是调情。他还说，这是我背地里惩罚他的方式，但我没觉得我想惩罚他。我为什么要惩罚他？我那么爱他。"停顿了一会儿，她摇了摇头，接着说，"可能正是因为我爱他，就想惩罚他。也许我只是喜欢让他生气。布莱恩说我经常这么做，他说我喜欢惹他生气，但我不知道我哪里会惹他生气。我最讨厌他冲我大喊大叫。他最近总是冲我发火，而且吼叫的声音越来越大。我是真的受不了了！"说到这里，她又摇了摇头，"可能我确实喜欢惹他生气，只是我自己意识不到这一点？太让人困惑了……"

显然凯蒂已经迈过第一阶段，进入了第二阶段。

两个阶段之间有什么区别呢？在第一阶段的煤气灯操控中，你会质疑你的操控者。当他说一些批评、恐吓或控制性很强的话时，你会想"天哪，少来了"或"那根本就不是真的"。也许你会有所顾虑，但你仍然坚定自己的想法。

然而，在第二阶段，你会花更多的精力只为赢得操控者对你的认可，希望他认为你是一个善良、能干、值得被爱的人，与此同时，他也会花更多的精力来证明自己是对的。如果你不认同他的观点，他可能会放大他情感末日的表现：更大声的喊叫、更刻薄的侮辱、更频繁的冷暴力。为了尽一切可能来避免这种虐待，你会更加努力地取悦他。而且，就像凯蒂一样，你可能会陷入困境，想要找到一种方式来说服自己认同他的观点。这时候，你会从他的角度出发看待问题，而不再考虑自己的想法。你甚至会对这种防御状态习以为常。当你的操控者发生情绪爆炸时，你通常不会再想"他怎么了？"；相反，你只有两个选择：要么去安抚他，要么为自己辩解。

你是否进入了第二阶段？

- 感觉自己没有平时那么坚强？
- 与朋友和爱人见面的次数越来越少？

- 开始不太认同你曾信任的人的看法？

- 越来越频繁地为你的煤气灯操控者辩解？

- 在描述这段关系时会刻意抹掉很多细节？

- 在自己和他人面前为他找借口？

- 经常满脑子都是他？

- 很难厘清楚你们过去意见分歧时的状态？

- 私下里或者在人前，总是过分纠结你是如何让他生气、丧失安全感，进行冷暴力或其他不愉快行为的？

- 经常会思考你是否应该有所改变？

- 比之前哭得更多了？

- 更经常并且（或者）更强烈地被一种"隐约觉得哪里出了问题"的感觉所困扰？

让我们再来看一下第 3 章中那个在电影院里你出去喝水、约会对象独自等你的例子。以下是你在煤气灯操控的第一、第二阶段可能会采取的不同处理方式。

从第一阶段到第二阶段

第一阶段	第二阶段
你想赢得他的认可，让他肯定你是一个善良、能干、值得被爱的人，但是如果没得到他的认可，你也能接受。你会坚守自己的看法，当他说了一些不太正确的话时，你会反驳他："我没有让你一个人待20分钟那么久！我看了手表——只有5分钟！不管怎样，这没有什么大不了的！"	你渴望赢得他的认可，这是你向自己证明你确实善良、能干、值得被爱的唯一途径，所以你开始从他的视角看待问题。你可能会大声地据理力争或者只是在脑海中思考，但你首先会从他的立场出发："他说我让他一个人等太久了。嗯，我知道独自等待的感觉有多糟糕，尤其是在约会的时候。所以他生气我不能怪他。不对，等一下。我离开的时间不可能那么长！这一点是毋庸置疑的，不过我知道一个人在约会的时候，即使等待5分钟也会觉得很煎熬，所以我能理解他为什么会那么生气。"
当他表现得很受伤或很困惑时，你想的是："他怎么了？"	当他表现得很受伤或很困惑时，你想的是："我哪里做错了吗？"
你认为自己是对的，而他，当他进行煤气灯操控的时候，是错误、扭曲甚至离谱的。	你认同他的看法，也拼命想让别人听听你的观点，因为你害怕他对你的批评有可能是真的："亲爱的，请冷静下来想一想。我知道你讨厌丢下一个人待着，但我确实没走开那么久。不是吗？"你希望通过赢得这场争论来证明你善良、能干、值得被爱，因为这个男人觉得你是这样的，这一点对你来说非常重要。
你会对当前的形势做出判断："他说我离开了20分钟，但我知道这根本不可能，否则电影早就开始了。而且，即便电影已经开始了，又有什么大不了的？我可不会喜欢一个因为一点儿小事就发火的人。"	你失去了做出判断或看清全局的能力，反而纠结于他指控的细节："我知道自己并没有离开那么久。但也许我真的离开了那么久，因为我确实没有什么时间观念。他为此生气，我想我不能责怪他。不对，等一下，电影都还没开始呢，所以绝对不可能是20分钟。啊哈！我会把这告诉他的。但我可能在某些方面确实没太照顾别人的感受？"

还不确定自己是否进入了第二阶段？做一做下方测试，获取更多线索。

"实时防御": 你是否陷入了第二阶段?

①为了庆祝你工作晋升, 男朋友决定带你出去吃大餐, 你很兴奋。然后他说: "看到你这么放松、这么开心真是太好了。过去的几个星期, 你一直在对我发火。"你努力保持冷静, 问他说这话是什么意思。他说: "你忘了吗, 前几天我说你那件衣服穿上显胖, 你很生气, 半个小时都不和我说话。你也太敏感了吧?"

此时你会说:

A. "你疯了吗? 没人告诉你应该怎么跟女人说话吗?"

B. "听到这个真是太扫兴了。我只是想度过一个愉快的夜晚。这个问题我会解决, 但能不能不现在说?"

C. "对不起。我想我应该更加自信一些。"

D. "不管你说得对不对, 我可不想现在挨你的批评。"

②你正在回家的路上, 一想到丈夫正在家里等你。你的感觉是:

A. 尽管你也很想和朋友一起吃饭, 但见到他很高兴。

B. 见到他很高兴, 但有点儿紧张。因为他最近非常易怒!

C. 一想到要见他就害怕。

D. 一想到要见他就不可抑制地兴奋。

③有项工作你没完成, 要逾期提交了, 你知道老板一定

会生气。在他接管这个部门之前，你的工作表现一直很好；但自从他上任，你的业绩就开始下滑，这也是不争的事实。最近，他一直指责你想要破坏他的领导力，这次赶上逾期，他更得这么说了。

对此，你的想法是：

A. "我不知道他说得对不对。也许我真想给他搞点破坏。"

B. "我不认为我在给他搞破坏，而且我对任何人都没有这样过，但我必须承认，这确实看起来很奇怪，但我真的不认为我有任何隐藏的动机，但也许有些什么是我没搞明白的……"

C. "不来一支镇静剂，我都无法面对他。"

D. "在工作上我肯定是今非昔比了。我就是不太适应这家伙的管理风格。"

④ 你一直在努力节食，办公室里的每个人都知道。一位同事带着她经典的自制松饼来到你的办公桌旁。你礼貌地说："求你了，安妮。你知道的，我在节食。"安妮温柔地说："这些都是低脂的。而且，像你这样的漂亮女人根本不需要节食。"你说："安妮，我是认真的。如果我今天吃了你的松饼，我的整个节食计划就会被打乱。""我从来没见过有谁这么难以接受别人的善意！如果你能管理好自己的情绪，你的节食会进行得更顺利。"说完她在你桌上放了一块松饼便扭头走开了。

此时你会想：

A. "我从来没有那样想过。难道我真的很难接受别人的善意吗？"

B. "那个女人把我逼疯了！她以为她是谁？去她的吧！还有她愚蠢的松饼！我真想大吼一声！"

C. "哼，这有什么意义吗？我又胖又丑，又难相处，我吃与不吃，又有什么关系。"

D. "天哪，她可真是个控制狂！我现在要趁她看不见，把这块松饼放到休息室去。真是眼不见、心不烦。"

⑤ 你的姐姐临时打电话来请你帮忙照看孩子。凭借她准确无误的直觉，她选择了一个你碰巧有空的晚上，一个你一直渴望在家休息的夜晚。不知怎么的，你不小心脱口而出，理论上你可以帮她，但现实情况不允许。她说："见不到你，孩子们会非常失望。你之前说过我可以随时打电话找你帮忙的。我想你可能更喜欢被人叫阿姨，而不是真的承担实际责任吧。难怪你没有自己的孩子。好吧，如果你是这样想的，你的决定很'明智'。"

此时你会说：

A. "哦，不，你误会了。我爱你的孩子。我愿意承担责任！请收回那些话！"

B. "你怎么能提起这件事？你知道我因为没有孩子有多痛苦！你到底想对我怎么样？你怎么能这样折

磨我？"

C. "你说得对，我确实说过你可以随时打电话过来。真不敢相信我是这么不负责任。请原谅我。一定要让孩子们知道我有多爱他们。"

D. "我是说过你可以随时打电话过来，但我没有答应你每次都帮你照看。不好意思，今天晚上我不方便。下周怎么样？"

你是否陷入了第二阶段？

如果你的回答是 A：你正处在第一阶段，你会寻求操控者的认可，但仍坚守自己的观点。不过要小心，第一阶段的煤气灯操控很容易滑向第二阶段。

如果你的回答是 B：你似乎已经进入了第二阶段。你迫切地渴望赢得操控者的认可，希望他认为你善良、能干、值得被爱，以至于你开始从他的角度看待问题。你会努力为自己辩解，但你可以看看自己花了多少精力与他争论，只为向自己证明他的可怕评价不是真的。某种程度上，你已经让他赢了——你满脑子想的都是他的看法。

如果你的回答是 C：看来你已经放弃为自己辩解了，只是努力在让自己接受失败。尽管你想赢得操控者的认可，但你基本上已经放弃了希望。如果这是你真实的感受，那么你已经走过第二阶段，进入了第三阶段。你可能更想跳过去读下一章的内容。

如果你的回答是 D：恭喜你！你紧紧抓住了现实，抵制住了趋同心理，适时退出了争论，而不是急于证明自己是对的。你可能很关心你的操控者，但没有他的认可，你的正常生活也不受影响，因为无论他或其他人怎么想，你都清楚自己有多善良、能干，多么值得被爱。仅仅是设想一下这种回应方式，就已经向前迈出了一大步。

第二阶段的三种煤气灯操控者

任何类型的煤气灯操控都可能进入第二阶段，但每种类型的操控者都会以不同的方式强化他的操控程度。"威胁型""魅力型"和"好人型"煤气灯操控者都有其独特的第二阶段操控形式。

"威胁型"煤气灯操控者

如果你遇到的是"威胁型"煤气灯操控者，他很可能会在第二阶段加大火力。他展现情感末日的方式可能不止一种，比如大喊大叫、增加你的内疚感、贬低你、使用冷暴力、以抛弃你相威胁、说一些可怕的推测（"你太笨了，根本不可能通过律师考试。为什么还要试呢？"），或者利用你最害怕的事情（"你就跟你妈妈一样！"），威力足以让你觉得你马上就要失去这段关系。

有些"威胁型"操控者最过分的虐待行为是当众奚落你，让你在别人面前被嘲笑（比如"内衣行业应该庆幸，不是每个女人的胸都像我妻子的那么小！"），然后当你反驳的时候，他又告

诉你不要"那么敏感"（"哦，亲爱的，我只是在开玩笑。你怎么
那么禁不起玩笑！"）。也有的操控者在外人面前善良体贴，私下
里的言辞却极尽刻薄（"我敢打赌，你甚至都没有意识到今晚你
让我有多尴尬。你念错那个法语词的时候，我真想找个地缝钻进
去！拜托，如果你不知道自己该说些什么，那就闭嘴啊！"）。

当然了，在一段关系中，并不是所有的威胁行为都属于煤气
灯操控。但是，如果你的操控者也经常使用威胁手段，你很可能
会受到操控和威胁的双重打击。假设他周日开车带你去他母亲家
里吃晚餐，坐在副驾驶的你指出他开车太快了，"威胁型"煤气
灯操控就开始了。

你：亲爱的，请不要开那么快，我很紧张。

他：我开车的时候别跟我说话！你想让我出车祸吗？！

（你不想让他继续大喊大叫，所以你什么也没再说。）

他：嘿，我刚才问你！你想让我出车祸吗？！你怎么不说话
了！为什么不回答我！

你：对不起。我当然不希望你出车祸。很抱歉惹你生气了，
我保证下次不会了。

他：你没有让我生气，但你的行为非常愚蠢。难道你不清楚
吗？你知道我见我妈妈一面有多难！为什么这个时候还要让
我分心？

你：老实说，我真的没想让你分心，但是坚持每个星期天都要见你妈妈的人是你。

他：星期天不是我选的。是你说最好是星期天，你说这周你都很忙。你太自私了！

你：我不自私！你怎么能这么说我？

他：这个你也要跟我争？你还嫌我不够生气吗，很显然你一点儿也不在乎我。

你：亲爱的，我很在乎你，请相信我……

他：不，你不在乎！就连这一点你也要和我争论吗？

煤气灯操控的表现，一般离不开以下几个要素。

- 一个迫切需要证明自己什么都对的操控者，无论话题是什么。
- 一个迫切需要赢得操控者认可的被操控者。她希望听到对方评价自己是多么善良、能干、值得被爱。否则，她会告诉他不要大喊大叫，不要打断她，她甚至会坚持让他停车，然后自己下车离开。
- 情感末日。在这种情况下，大喊大叫、言辞侮辱和莽撞驾驶可能会同时出现，被操控者会感到更加恐惧、困惑，甚至绝望。
- 趋同心理。此时被操控者仍然希望她和操控者能够彻底达成一致。

- 煤气灯探戈。如果被操控者仍在试图向操控者证明他对自己有误解，认为他应该以不同的方式看待她，此时双人探戈一定会发生。她认为，如果操控者认为她善良、能干、值得被爱，就能证明她就是这样的；如果操控者认为她冷漠、无能或不值得被爱，也说明她就是这样的。因此，能否赢得这场争论事关她对自己的评价，对她而言非常重要。

正如你所看到的，我们会有反击或对抗"威胁型"操控者的表现，但这并不能阻止煤气灯操控，也不能阻止情感末日——大喊大叫、批评、以抛弃相威胁。操控者仍然致力于确保自己永远是对的，而你仍然致力于赢得他的认可。争论的结果也改变不了这一点，因为即使你赢了，你仍然给了他控制你自我认知的权力——你依然觉得他对你的评价就是你真实的样子。所以你每次都拼命地争论，总是需要他的认可来证明你有多善良、能干，多值得被爱。

前两章中谈到的一个策略——抵制趋同心理，退出争吵，可能会有助于解决这个问题，尽管不能保证绝对有效。让我们看看如果被操控者不再那么在意赢得操控者的认可，情况会是怎样的。

你：亲爱的，请不要开那么快，我很紧张。

他：我开车的时候别跟我说话！你想让我出车祸吗？！

你：我是真的希望你能慢一点儿。

他：嘿，我刚才问你！你想让我出车祸吗？你怎么不说了！

为什么不回答我！

你：　我希望你能慢下来。

他：　难道你不应该更清楚吗？你知道我见我妈妈一面有多难！为什么这个时候还要让我分心？

你：　现在我说的是放慢车速。如果你不减速，下次我们就各自开车去。

他：　你简直不可理喻，你知道吗？你是我这辈子遇到的最自私的女人。

你：　（沉默）

他：　你不仅自私，而且愚蠢！很显然你一点儿也不在乎我！

你：　（沉默）

从这段对话中我们可以看到，选择退出争吵不一定会让你的操控者收敛自己的行为。但至少你能坚持自己的自我意识，不会陷入一场永远都赢不了的争论中无法自拔。你没有关注操控者对你的看法，甚至没有关注你对自己的看法。你只专注了你自己想要的：拥有一段安全舒适的旅程。争论的焦点不再是你是否善良，而是你的丈夫是否会按照你觉得舒适的速度开车。这一次他可能会放慢速度，也有可能继续一意孤行。他有可能还会接着挑衅你，也有可能收起自己的愤怒。但是，如果你坚持选择退出争论，按你所说的，下次他再开这么快，你就拒绝坐他的车，这样一来他才可能重新审视自己的行为。

"魅力型"煤气灯操控者

"威胁型"煤气灯操控者识别起来比较容易，因为他的行为会明显让人感到不快。而且，即使过程中你可能会因此责怪自己，但你也清醒地知道自己不喜欢被这样对待。但"魅力型"操控者就不一样了，识别起来难度会更大。这些人"表面上"看起来很好，完美到你简直不敢相信自己竟然过得如此煎熬。是的，他看起来太棒了，甚至连你的朋友和家人都被他蒙蔽了。你的"魅力型"操控者可能会让你们所有人都相信问题不在于他，而是因为你不敢接受幸福，不够灵活变通，或者不能容忍平凡的不完美。

你是否能识别出"魅力型"操控者？看看以下场景是否觉得似曾相识？

"魅力型"煤气灯操控者：第二阶段

- 他约会经常迟到三小时以上，或者从来都不在约定的时间到达。但他每次出现时会送你一大束玫瑰，令你神魂颠倒。当你抱怨时，他反过来指责你控制欲强、性格多疑、固执死板。

- 他会经常用浪漫的举动来给你制造惊喜，不过这些举动往往并不合你心意。但他对自己的做法似乎很满意，于是你会反思自己是不是出了什么问题，收到惊喜居然会不开心。

- 他会时不时地在心理上、情感上或性爱上给你一些特别的体

验，但又有时候对你极其冷漠。他对你热情，你欣喜若狂；他不理你，你倍感自责。

- 他为人慷慨大方、乐于奉献，但也偶尔会大发雷霆，或者冷若冰霜、一句话也不说，又或者会像受伤的孩子一样装装可怜。尽管他没有直接责怪你，你依然确信那是你的错，虽然你也说不清楚自己到底做错了什么。

- 当你们在一起的时候，生活很美好，但总有些小插曲显得格格不入。对某些"魅力型"煤气灯操控者来说，这些插曲可能跟钱有关，比如你的支票记录和银行账单对不上，你的信用卡账单上有些开销无法解释，你搞不懂为什么他有时出手阔绰，有时又身无分文。对有些"魅力型"操控者来说，这些插曲可能跟两性关系有关，比如当他对你疏远或者言辞躲闪的时候，你认为他一定是出轨了；但当他给你一个浪漫的拥抱，再次让你神魂颠倒的时候，你又责怪自己为何要如此多疑。

如果你遭遇了"魅力型"煤气灯操控，你可能会频频认同上述的各种情形。不过，你的困惑还是没有解决。虽然你能够识别这些行为，但你依旧不清楚为什么这个问题很严重。

我可以解释一下原因：有些时候，甚至可能是所有时候，你的煤气灯操控者只顾着做一件事，就是向他自己证明他是一个多么浪漫的人。他最大的需求就是证明自己永远是对的。他似乎能理解你的感受，但实际上他关心的只有自己。为了满足自己的需求，他的某些行为可能看上去深情体贴，让你心满意足，但他不会跟你产生真正的灵魂共鸣，这只会更让你觉得孤独寂寞。举个例子，假设他在你们的初吻纪念日那天送了你一大束漂亮的百合花。这听上去多浪漫啊！你先是感谢他的心意，然后提醒他你对百合过敏。接下来的几个小时，他一直噘着嘴闷闷不乐，虽然没有明说，但潜台词却是你太过自私，不替他着想，竟然拒绝他精心准备的礼物。最后，他因为另外一件毫不相关的事对你大发雷霆，比如责怪你为什么要把空调开得那么大。虽然他的浪漫行为确实让你身体不舒服了，但他还是因为你没有配合他的行动而设法"惩罚"了你。如果你还对这段关系满怀期待，还需要他来证明你的自我认知，你可能就会开始反思自己为什么这么不体贴，而不是质疑为什么眼前这个看上去如此浪漫、完美的男朋友要送一件不合适的礼物给你。

以下是另一种和"魅力型"煤气灯操控者相处时可能会出现的典型情境。通常，操控者会坚持认为自己是对的，哪怕他正在用言语恭维你或者送你礼物，因此要注意识别某些在其他情境里看起来很好的行为，在这里可能就变成了控制欲强、有失体贴的表现。

你：你刚才去哪儿了？是发生什么事了吗？我一个人守着晚餐足足等了你三个小时，你连个电话都没有。

他：我在给你买这件漂亮的睡衣。我跑了三家店才买到这件，只有它才能配得上你那双美丽的眼睛。

你：嗯，是很漂亮，但用得了三个小时吗？

他：我不明白你为什么那么在意时间！要知道，生活中值得
关注的可远远不止时间。

你：可我担心你啊！

他：你太较真了！为什么总要恪守时间表做事呢？

你：我没说一定要死守时间表！但是就像这样干等三小时，
无论谁都会不高兴的！

他：可现在说的是我们啊，又不是其他人。为什么非要按别
人的标准来评判自己呢？你真想做那么墨守成规的人吗？那
多无聊啊！

你：你是说我无聊吗？

他：当然不是啊！你瞧，我知道我惹你不开心了，我很抱
歉。不如我带你出去吃晚饭吧，回来再给你做两小时的专属
按摩，然后你再试试那件睡衣？

你：嗯，听起来确实不错……

就这样，谁还会责怪一个送你漂亮礼物、带你出去吃饭、送
上专属按摩、还让你享受美妙性爱的男人呢？铺天盖地的礼物、
亲昵体贴的动作，这感觉堪称完美吧。一次两次还可以，但在他
第三次、第四次、第二十次让你这样苦苦等待之后，你会对他的
浪漫举动变得麻木，并且因为他再三无视你的关心，感到无比沮
丧。但是，只要你停留在煤气灯操控的第二阶段，你就会把感受
到的懊恼和困惑归结为自己的过错，而不会责怪你的伴侣。因为
你仍然需要他的认可才会觉得自己善良、能干、值得被爱。而且

因为你希望能够维持这段关系，你会慢慢接受他的观点，放弃自己的立场。你甚至会相信自己真的像他说的那样刻板、守旧、难伺候。你还会以为自己出了什么问题，为什么面对他的浪漫举动，不再觉得享受了？要想停止这支"魅力型"煤气灯探戈，你得舍得放弃一些所谓的专属"馈赠"。

你：你刚才去哪儿了？是发生什么事了吗？我一个人守着晚餐足足等了你三个小时，你连个电话都没有。

他：我在给你买这件漂亮的睡衣。我跑了三家店才买到这件，只有它才能配得上你那双美丽的眼睛。

你：我正在气头上，没心情看礼物。

他：我不明白你为什么那么在意时间！要知道，生活中值得关注的可远远不止时间。

你：我跟你说过很多次，我不喜欢被晾在一边这样无止境地等待。下次，我最多等你二十分钟，要是你还不出现，我就不等你吃饭了，我还有别的事情要做。

他：你太较真了！为什么总要恪守时间表做事呢？

你：我已经很清楚地告诉你，下次再出现这样的情形，我会怎么做。所以，没什么可说的了。

他：不不不。你这么优雅迷人，为什么要像其他女性那样被时间表牵着鼻子走呢？你真想做那么墨守成规的人吗？那多无聊啊！

你：你根本没在听我说话，我要去睡觉了。

他：你瞧，我知道我惹你不开心了，我很抱歉。不如我带你出去吃晚饭吧，回来再给你做两个小时的专属按摩，然后你再试试那件睡衣？

你：下次再说吧！你不尊重我的想法，我不想跟你待在一起。

从这段对话中我们可以看到，这类煤气灯操控者的问题在于他根本不会真正理会你和你的顾虑，他和"威胁型"操控者一样，只在意自己是不是对的一方。但与此同时，他又会不停地向你释放诱人的糖衣炮弹。面对"威胁型"操控者，你不需要分析背后的缘由，就可以直接拒绝他的吼叫、侮辱和冷暴力，但面对"魅力型"操控者，你会发现他的很多行为放在某些情况下是很合理的。试想一下，哪位女士不想要浪漫的晚餐、长期的专属按摩以及漂亮的礼物呢？但如果你希望他的操控行为有所改变，你必须相信自己，正视自己内心的所有不适和沮丧，不要被他迷人或慷慨的承诺蒙蔽，即使最后以你们两个都怒气冲冲地上床睡觉收场。

"好人型"煤气灯操控者

和"魅力型"煤气灯操控者类似，"好人型"操控者的行为也会让人很迷惑。他看起来很有合作精神，性格友善且乐于助人，但你和他在一起的时候还是会免不了有困惑和沮丧的感觉。看看下面这些情境是否熟悉。

"好人型"煤气灯操控者：第二阶段

- 上一秒他还在给你提着建议，告诉你应该如何应付你的母亲；下一秒，当你要继续深入这个话题的时候，他却面无表情。你问他为什么突然间不说话了，他要么不告诉你，要么就说没事，让你不要多想。

- 你们就一个具体问题争论了几个小时，比如谁去接孩子，或者下次去哪里度假。然后，他突然不争了，说要妥协完全按照你说的去做。也许他看起来并不是那么心甘情愿，但你得到了你想要的，还有什么可抱怨的呢？又或者，他非常慷慨地说："好啊，我们就去你选的地方度假吧！你的主意一向很棒，我相信这次也不例外。还记得上次去缅因州，我们住在你找的那家可爱小巧的民宿吗？"但是，尽管他表现得很大度，你还是感到事有蹊跷。他虽然很得体地做出了让步，不管你能否意识到，你很清楚下次再有什么事，他还是会和你争到天昏地暗。而且你觉得他让步的原因并不是他有多在乎你的感受，而是他想证明自己是个好人。最后，你会觉得肯定是自己疯了，这么不领情、不知道满足。毕竟，他是那么棒的一个人。

- 无论是操持家务，还是两人的关系维护，他都会做好自己的本分，有时甚至付出更多。但你从来都不觉得他是在用心参与。当你向他寻求情感安慰或试图和他深入交流的时候，他

只会面无表情地看着你。然后，你开始反思为什么自己这么
自私，这么难伺候。

在煤气灯操控的第二阶段，和"好人型"煤气灯操控者对话
可能会出现如下情形。阅读的时候，不妨问问自己，为什么案例
中的女士会如此沮丧和困惑。

他：我在想这周日我们可以开车去乡下转转。

你：哇，听起来真不错，但是周日晚上我们得去我父母家
聚餐。

他：哦。（沉默良久）

你：怎么了？

他：没事。

你：不，肯定有事，我能感觉出来你不开心。有什么问题吗？

他：真的没事。

你：告诉我怎么了？

他：嗯，我们这个月已经去你父母家很多次了，不是吗？说
实话，每次你看完家人回来，脾气都特别大。我觉得花这么
多时间跟他们在一起对你没什么好处。

你：可他们毕竟是我的家人。再说我也没觉得看过他们之
后，我的脾气有多差。你是对他们有什么意见吗？

他：啊，怎么可能！我很爱你的家人，你知道的。我只是担心你而已。如果你想周日过去，没问题，我们一起去。

（于是，你们顺利去了你的父母家聚餐，而你的丈夫几乎不跟家里的任何人说话。现在，我们再来看看开车回家的路上会发生什么。）

你：我猜你今天过得不太开心，对吧？

他：你说什么呢？我过得很开心啊！我喜欢拜访你的家人，你知道的。

你：但你没跟任何人说话，而且你一整天看起来都闷闷不乐。

他：我真的不知道你为什么会这样说。你不记得了吗？我和你父亲探讨园艺，聊了整整两个小时。你母亲讲她去百慕大群岛旅游的那个笑话时，我都快要笑死了。

你：我看到的可不是这样的。

他：但事实就是这样啊。

你：好吧！你觉得我姐姐家的小宝宝怎么样？她一定是你见过的最漂亮的小孩，对不对？小家伙那么机灵！我简直没法相信她才 3 个月大！

他：我想是吧……（沉默良久）

你：你到底怎么了？

他：为什么这么问？

你：都 15 分钟了，你没跟我说过一句话，而且你看起来很生气。你肯定有什么不开心。

他：亲爱的，什么事儿也没有。不过现在你应该能理解，为什么我会说你每次拜访完你的家人以后，你的脾气都很大了吧？

正如你所看到的，"好人型"煤气灯操控者总会找到办法，表面上好像一切都迁就你，但其实从来不会真正满足你的需求。他把精力都放在了确保你能接受他所阐述的事实上。他既不拒绝周日去拜访你的父母，也不会落落大方地配合你开心过好那一天，他只是摆出一副曲意逢迎的样子，走走过场，同意你的要求，但会明里暗里通过各种方式来表露他有多么不开心、多么愤愤不平。他的情感末日就是给你一张臭脸，摆出一副不开心或生气的样子，却不承认有问题。也有的"好人型"操控者会发动自己的"情感末日"，比如因为一件看起来无关紧要的小事就大发雷霆；想方设法让你对某件事感到内疚；或者"无意间"说一句伤人的话，然后拼命道歉。

现在想一下，你想在这个过程中扮演什么角色呢？如果你希望维持这段关系，获得他的认可，并继续维护他的良好形象，就不会承认摆在眼前的事实。你不会说："每当我的丈夫遇到不顺心的事儿，他都不会表露真实的感受，他只会摆臭脸（或发脾气，引发我的内疚感，侮辱我）。我不喜欢他这样！"相反，你会问自己："他人这么好——性格随和，我说什么都答应——我是怎么了？为什么不能更体恤他，接受他的心意呢？"你担心自己是不是疯了，竟然会怀疑你们之间出了问题。毕竟是他亲口说的，没什么事，而你也知道他很在意自己说的一定是对的。他甚至能让你产生错觉，以为不愿拜访你家人的人是你而不是他。毕竟，看看你现在多上火啊！

当然，在这种情境下，煤气灯操控者有权拒绝再去参加你的家庭聚会。但是他没有拒绝，而是对你进行了煤气灯操控，努力让自己表现得像个好人，不明确表达他想要什么。如果你遇到的是这样的人，就会很容易陷入困惑。

曾经，有位朋友跟我描述她睡眠不足时的感觉："我自己觉得状态还不错，"她说，"但我总会做一些特别愚蠢的事，比如把钥匙落在信箱，把多余的牛奶倒进橙汁盒，盯着电话看了 5 分钟，却怎么也想不起来要给谁打电话，等等。这些行为让我意识到，我的身体已经不再正常运转了。但说实话，我甚至没觉得自己犯困、思维混乱或效率低下。我感觉挺好的，但表现出来却像个迷失在大雾里的人，一塌糊涂！"

我认为这很贴切地描述了那些遭遇"好人型"煤气灯操控者的女性所面临的问题。我们自以为一切都挺好的，觉得自己的伴侣浪漫、有爱心，对自己忠诚、有求必应，但自己却时常哭泣，感到孤单、紧张、困惑，或者麻木。如果一段恋爱关系真让人觉得无可挑剔，肯定不会出现以上这些反应。然而，就像我那位睡眠不足的朋友一样，我们可能意识不到自己出了问题，但身体不会骗人，总能下意识地表现出某些症状。

那么，如果你遇到了"好人型"煤气灯操控者，有什么解决办法呢？让我们来看看，当你不再担心能否获得他的认可，不再把他理想化，并在他坚持自己正确的时候牢牢把握自己的认知，这时会发生什么？

> 他：我在想这周日我们可以开车去乡下转转。
>
> 你：哇，听起来真不错，但是周日晚上我们得去我父母家聚餐。
>
> 他：哦。（沉默良久）
>
> 你：怎么了？
>
> 他：没事。
>
> 你：亲爱的，每次问你怎么了，你都拒绝回答，我真不想再这样了。现在回想一下，上次去我家的时候，你没和任何人说话，那一天过得也不开心。所以这次不如我一个人过去吧，我们可以下次找个时间开车转转。
>
> 他：我不明白你为什么这么说。我很爱你的家人。真的没什么事。
>
> 你：我不想再争论了。
>
> 他：我真的希望你能看到我有多爱你和你的家人。我不明白你为什么总要小题大做。如果你想见你的家人，我们就一起过去。我什么时候说不去了？
>
> 你：你嘴上没说，但你的表现已经说明了一切。所以，选择权在你手里：你可以陪我一起去，但是必须开开心心的；或者你也可以选择待在家里。就这样吧，我不想再说了。

在现实生活中，这段对话可能会更长，但你能看出它跟上一个版本的处理方法是不同的。你选择了退出争论，拒绝讨论既定的事实。你清楚自己丈夫的表现，于是你不会盲目相信他的话，而是依靠自己的认知来判断。你的丈夫可能会开始面露不悦，但你不再害怕情感末日或"抛弃你"这样隐含的威胁。

与此同时，你也在抵抗趋同心理。你不再试图说服你的丈夫认同你的观点，也没有想要努力获得他的认可。你只是做出了自己的决定，坚守了自己的认知。当你这么做的时候，没有人可以对你进行煤气灯操控。

解释陷阱：第二阶段

我的来访者妮拉钟爱幻想和浪漫，40岁出头的她觉得自己终于遇到了一生的挚爱。妮拉是一家博物馆的馆长，经常去欧洲和拉丁美洲出差。她的事业蒸蒸日上，但情感之路却十分坎坷，恋情一直不稳定。如今，妮拉觉得男友弗雷德里克魅力十足，对她疼爱有加，正是她的"真命天子"。

但是妮拉很快就发现，和弗雷德里克相处起来困难重重——他一点都不喜欢她的朋友和亲戚，每次她和亲朋好友出去聚会，他都会大闹一番。渐渐地，妮拉变得越来越少出门，他还抱怨她总去外地出差。其实弗雷德里克早就退休了，妮拉每次出差的时候都会邀请他一起，只是他都拒绝了。于是妮拉开始推掉国外的工作，那曾经是她一度非常享受的高级待遇。妮拉还想过参加职业培训，但弗雷德里克的占有欲让这个计划也最终落空。更夸张的是，弗雷德里克还是个"威胁型"煤气灯操控者，他总是不断寻找新的方式来折磨妮拉。当两个人产生严重的矛盾时，他直接不和她说话，这是他的情感末日，而她，一次一次为了证明自己是被爱的，最后只能靠乞求来博得他的关注。

尽管妮拉很早就跟我聊过这些问题，但她还是用了几个月的时间才看清这段煤气灯操控关系给她的生活带来的负面影响。现在她已经能够如数家珍地列出被操控的后果：和亲朋好友的联系越来越少，自尊心渐渐丧失，丢掉各种工作机会，职业发展计划屡遭搁置，等等。但是当我问她对继续这段恋爱关系有什么想法的时候，她笑了。

"啊，弗雷德里克实在太有趣了！"她非常兴奋地说，"他有太多太多新奇的想法了，你永远不知道跟他一起接下来会发生什么。你很难猜透他的想法。我从来没跟这么有神秘感的人交往过。"

随着我们的聊天越来越深入，我开始发现，面对弗雷德里克对待她的方式——贬低、冷暴力、坚决要求她放弃出差或跟朋友见面，妮拉从来没有从情绪上回应过，而只是理性地分析"弗雷德里克的问题"。为什么他会这么难相处、这么苛求？他侮辱她或者不和她说话是不是有什么别的原因？有没有什么方式能预判他什么时候停止侮辱行为，什么时候开始冷暴力，这样她就可以避开这些不愉快的经历？为什么他有时又会突然向她敞开心扉，吐露内心最深处的恐惧和弱点？他为什么前一分钟还对她深信不疑，后一分钟又疑心重重？所有这一切可能是受他母亲或他姐姐的影响。就像这样，妮拉可以花上几个小时来分析她那位难相处的男朋友，并且乐此不疲。

如果妮拉从情绪上做出回应，她可能很快就会厌倦弗雷德里克对她的不尊重。但她一直以理性思考这段关系，显然妮拉已经进入了解释陷阱的第二阶段。她非但不认为弗雷德里克的过分言行令人沮丧、痛苦或讨厌，反而觉得"很有趣"，因为这给了她很多机会去编造那些解释。事实上，在弗雷德里克之前，妮拉曾经和一位听上去更靠谱、更友好的男士交往过。在我的询问之下，妮拉也大方地承认那位前男友确实对她很好。但她也告诉我，他没有弗雷德里克"有趣"。

妮拉坦承她对弗雷德里克的情感虐待行为很感"兴趣"，这不禁让我想起在很多女性身上看到的鲜明对比，包括我自己。当我们跟对自己没那么好的人相处时，我们反倒会耗费更多的精力，总是会不断地思考、讨论和分析。而和一个更体贴、更可靠的人相处时，这段关系就没什么太多值得玩味的东西了。我们当然会享受这种关系，但它确实消耗不了多少时间和精力。换句话说，如果我们的伴侣、朋友或领导对自己照顾有加，他既懂得给我们足够的关注和爱护，也能够管理好自己的情绪，还能用礼貌、得体的方式来表达自己的不满，那我们就确实没有什么可发挥的空间了。

所以，跟很多身陷煤气灯操控第二阶段的女性一样，妮拉似乎更痴迷于一段糟糕恋情里发生的戏剧情节并对此进行分析，而对一段健康的关系里相对单调乏味的经历则提不起兴趣。她没有把这段感情看成自己的精神支撑或稳定的爱情源泉，反而把它看成一道充满挑战性的数学题。这道题越难攻克，她就越有兴趣。

为什么有些人如此热衷于分析我们的煤气灯操控者呢？我认为原因主要有以下两个。

和难以捉摸的人打交道会让我们觉得自己更有活力

曾经有位来访者跟我描述她在幼年时期和父亲相处的经历。"每天晚上爸爸回家的时候，我永远不知道下一秒踏进门的会是怎样一个他，"她说，"也许他抱了一堆玩具回来，准备在晚饭前和我们玩上几个小时；也许他会骂骂咧咧地出现，挨个批评、侮辱我们；也许他一言不发只想一个人待着。所以，每天下午我跟几个兄弟都会相互问：'你觉得爸爸今晚会是什么心情？'说实话，我们每天的生活都充满了戏剧性。"

从某种程度上讲，我的来访者可能更希望有一位更值得依赖的父亲，每晚回家都是一副和蔼、慈爱的面孔。但是在现实面前，她学会了每天借助各种有限的手段来应对父亲不断给出的新挑战。就像荒野爱好者总会神采飞扬、手舞足蹈地描述自己在远足或滑雪过程中遭遇的突发事件一样，我的来访者把她和父亲的关系看成一场激发自身潜能、让自己每天如获新生的冒险之旅。长大以后，她自然也会寻找那些能够给她提供类似"冒险"体验的情感伴侣。

尝试理解煤气灯操控者让我们觉得自己更有掌控权

如果父母在我们成长的过程中没有给予我们一份期待中健

康、稳定的爱，我们会在很小的时候就知道世事难料、变幻莫测。对于这种不可预见性，我们的反应是努力加强自己对一切事物的控制。能控制的东西越多，对事情的把握度就越高，被不靠谱的父母、朋友或爱人伤害或挫败的可能性就越小。

遗憾的是，"关系"的本质就决定了感情中的很多东西不可控。处在一段关系中的另一方，有权选择爱我们，或者不爱我们；可以向我们兑现承诺，也可以辜负背叛我们；可以对我们很好，也可以对我们很糟。说到底，都是对方的选择，我们控制不了。我们能做的只是想办法应对。解释陷阱给了我们一种假象，好像自己有很大的掌控权。它仿佛告诉我们，只要足够了解煤气灯操控者，就可以采取必要的措施去改变他的行为。因此，他对我们越差劲，我们反而越有兴趣，因为他给我们提供了很多参与改变和调控的机会。

所以，怎样才能摆脱解释陷阱，有什么解决办法吗？其实，最终还是要靠自己以及我们的"空中乘务员"。我们必须看清楚自己的行为，问问自己是否对自己的表现满意。比如，当他大吼大叫的时候，我们如果没有叫他闭嘴反而乞求他原谅，这样的情况自己能接受吗？我们一定要重视自己的情感回应，允许自己释放真实的情绪。我们还必须认清，那些促使我们为对方寻求解释的频繁的失望、沮丧及哭泣，总是会跟浪漫、冒险及"活力"等这些我们向往的要素绑定在一起，就像宿醉和彻夜酗酒肯定脱不开干系一样。

一些可能发出危险警示的"空中乘务员"

- 经常感到困惑或迷茫

- 做噩梦或不安的梦

- 记不清与煤气灯操控者之间发生的细节

- 身体预兆：胃部下沉、胸闷、喉咙痛、肠胃不适

- 当他打电话给你或他回到家时，你会感到恐惧或警惕

- 拼命想让自己或朋友相信自己与操控者的关系很好

- 忍受对方侮辱你的人格

- 值得信赖的朋友或亲戚经常对你表示担心

- 回避你的朋友，或拒绝与朋友谈论你跟操控者之间的关系

- 生活毫无乐趣

　　我的来访者经常会问我，如何才能延续煤气灯操控关系里最让人兴奋的时刻，同时避开最痛苦的经历。很遗憾，那是不可能的。或许在一段更稳定、更可靠的恋情里，你会得到另一种更深层次的满足，但这样的关系确实看起来没有那么浪漫和刺激，尤其是跟具有虐待倾向的、复杂到你永远猜不到他下一步要做什么的人相处相比。如果你和你的煤气灯操控者能够从改变相处模式重新开始，恢复健康、愉快的关系，那么能引发你高度兴奋的那种不确定感也将随之消失。理论上讲，这段新的、健康的关系会失去以往的挑战性，变得比较容易预测，你不再需要为自己辩护，

只需要敞开心扉去付出和收获。你还需要接受一个事实：你依旧无法控制伴侣的行为，只能决定你自己要以怎样的方式回应。

如果你们的关系给你带来的是长久的挫败（只有偶尔的快乐），或者像妮拉那样，你总是做出一些背离你宏大的人生愿景的决定，那么不妨思考一下你是否掉进了解释陷阱。让自己全身心地去感受这段关系，然后翻到这本书的测试"寻找内心的真相"，再决定下一步的选择。

谈判陷阱

解释陷阱的另一种表现形式是谈判陷阱，这在遭遇"好人型"煤气灯操控的女性中尤其常见。与身处解释陷阱的女性类似，身处谈判陷阱的女性不太关注这段关系给她带来的整体满意度，而是过分纠结自己在和伴侣谈判时是否成功或失败。

举个例子，劳拉是急诊室的一名护士，60岁出头。她的丈夫罗恩是一名家具木工，他展现出了很多"好人型"煤气灯操控者的特质。两人经常因为生活中一些微不足道的小事谈判好几个小时。在恋爱期间，针对谁在什么情况下付什么钱这样的问题，他们都要商量出一个详尽的方案。他们甚至就房事进行谈判，讨论如何才能让两个人都满足而不让任何一方产生被剥削或者失望的感觉。在繁忙的工作间隙，他们还商讨出一份时间表，计划好什么时间可以独处，什么时间跟朋友一起，什么时间享受夫妻的二人世界。直到后来他们同居，结婚，先后有了四个孩子，谈判也从未终止。似乎两个人生活中大大小小的事情，没有什么是不能谈判的。

但劳拉来找我的时候，她已经郁闷了很长一段时间。曾经让她充满活力、掌握大局的谈判如今让她疲惫不堪、精疲力竭。现在，她每说出一个顾虑，似乎都要顶着谈判的名义实则陷入长达几个小时的争吵。举个例子，假设劳拉对罗恩最近因为加入老年垒球大师赛队而很少在家感到沮丧和失落，罗恩没有回应劳拉孤单和沮丧的情绪问题，反而开始和她谈判——他有多少时间被"允许"在外面，他在垒球队花的时间和她在读书俱乐部花的时间相比是多还是少，当垒球赛季结束后他会如何补偿，等等。表面上看起来，罗恩非常配合，对劳拉有求必应，但实际上，这种谈判成了罗恩无视劳拉的顾虑、同时又向她证明他很在乎她的手段。由于劳拉接受谈判这种形式，面对罗恩不在家或无视自己的情况，她没有理由表达自己的愤怒和悲伤，她觉得必须配合他完成这场谈判表演，尽管她其实更想大哭一场，宣泄一下心中的委屈。

随着谈话的深入，真相也逐渐变得明朗：劳拉和罗恩都在利用谈判的过程回避深层次的情感沟通。罗恩没有坦诚交代他真正想要的东西（打垒球的时间），也没有明确表达他的感受（打垒球对他来说比和劳拉共度时光更有意义）。但因为他总能展现出他的好人特质和愿意谈判的姿态，劳拉逐渐觉得她没有理由抱怨。于是，她只能默默承受寂寞、困惑和麻木。

劳拉和罗恩一同咨询过一位婚姻顾问，但劳拉的沮丧情绪并未好转，反而有恶化的趋势，因为婚姻专家大多侧重于帮助双方顺利谈判，很难看到真正的问题。在他们三个人眼里，劳拉和罗恩似乎都有着出色的沟通技巧，如此一来，劳拉对自己持续的不开心状态就更困惑了。

在我们的共同努力下，劳拉逐渐意识到她其实一直在拿谈判当借口，以此来回避自己对罗恩及这段感情的真实看法，这样她就不用面对自己沮丧、孤独、被忽视的感觉。每当她对这段感情提出不满的时候，罗恩总是可以证明一切都没问题，或者至少是他没有任何问题。他一直都很愿意配合她谈判，也总是有求必应，那还会有什么问题呢？这让劳拉感到非常苦恼。正因为她也相信谈判的方式，罗恩才总能找到机会向她证明她没有理由不开心。

然而，她确实不开心。劳拉不想承认她和罗恩的谈判已经成了某种"精心设计"的表演。罗恩努力证明他自己是对的，而劳拉也在努力向自己证明他是对的，这样她就不用直面自己的婚姻已经一塌糊涂的现实。

当然，谈判的效果也可以很显著。不过，一定要谨慎，别让谈判蒙蔽了你的双眼，让你看不清现实。如果你对最终的谈判结果不满意，那么无论过程如何，无论他说了什么，也无论你在"理论上"是否赢了，这都不重要。唯一重要的就是相信你内心最深处最真实的感受。

寻找内心的真相：摆脱第二阶段的技巧

① 把你和煤气灯操控者的对话一字不差地写下来，好好看一看。当你不是在和他进行真正的对话时，他看起来是什么样的人？通情达理？热心助人？还是完全答非所问、不可理喻？

② 找一位你信任的朋友或导师聊天。相信我，最了解你的人知道你所有的缺点！如果你和他们分享煤气灯操控者对你的批评，他们可以帮你找到看问题的新视角，尤其是当那些批评中含有一部分事实的时候。你的煤气灯操控者可能非常擅长把一个实际问题彻底扭曲。例如，你长时间以来确实有迟到的习惯（这很烦人），但你很难准时赴约并不意味着你是故意羞辱他。他有权为此生气，但没权对你妄加指责，比如说"你迟到就是为了逼我发疯""你故意让我等那么久，就是想折磨我""相信我，我们的朋友都在讨论这事，他们没法相信你对我这么差劲"，或者诸如此类的话。你的朋友或导师能将你拉回现实，帮你找回现实的分寸感。（"嗯，你是经常迟到，这一点确实烦人。但我可不认为你这么做是为了报复乔伊，毕竟你对所有人都这样！"）

③ 严格忠于自己的感受。当你和煤气灯操控者相处的时候，你往往很难看透他虚无缥缈的空话套话和对你实施的情感虐

待。所以当你跟他对话时，未必能把问题想清楚。但是无论如何，你都可以说："现在的谈话让我感觉很不舒服。我们换个时间再聊吧！"然后终止你们之间的互动。按照你的方式，选择你的时间再跟煤气灯操控者对话。忠于自己的感受，及时止损。

④ 在周末独自离开，或者出去喝杯咖啡。有时，你需要和煤气灯操控者分开一段时间，跳出"局"才能意识到情况已经变得多么糟糕。如果你能和朋友或者让你感觉自在的人共度一段时间，那就更好了。对比一下这段关系进展顺利时的状态，和遭遇煤气灯操控时的困惑、痛苦和沮丧，你会更能看清煤气灯操控关系的模样。

⑤ 坚守自己的认知。我建议用一句话来表达——对你和你的操控者——你的认知由你主宰，并且要大声坚定地说出来。以下是几个小建议：

- "我知道那是你的感觉，但我不同意你的看法。"
- "我看问题的角度跟你不一样。"
- "那是你的认知，我跟你不一样。"

如何摆脱煤气灯操控的第二阶段

从前文中可以看出，煤气灯操控第一阶段和第二阶段之间的区别就像是偶然事件和惯性行为的区别。在第一阶段，煤气灯操控只会偶尔出现，通常很容易识别和判断。到了第二阶段，煤气灯操控完全"现身"，成为这段关系的主宰特征。就像鱼儿不知道自己在水里一样，你也不会意识到自己的处境异常。你习惯了想方设法防御对方的侮辱、贬低和令人困惑的浪漫举动，以及折磨人的"好人型"谈判，这成了你生活的常态。只要我们的内心深处还有一丝一毫认为我们需要煤气灯操控者的认可才能提升自我感觉，增强自信心，强化我们在这个世界上的自我认知，我们就只能是煤气灯操控者的待宰羔羊。

然而，现在当你开始恢复自我意识，你会感觉到现实情况与之前的样子全然不同，而且它也并非只能一成不变。你开始用新的眼光审视你的操控者，并考虑这段关系可以发生怎样的改变。无论你要面对的是伴侣、亲戚、朋友、同事还是领导，你都已经准备好要做出改变。

那么，你该如何开始呢？下面是一些摆脱煤气灯操控第二阶段的建议。

心急吃不了热豆腐

想一想你花了多长时间才意识到你的这段关系有问题？你又花了多长时间才真正有所行动？因此，不要指望你的煤气灯操控者会比你更快地改变。事实上，他可能需要更长的时间来接受你提出的新挑战和新要求。请记住，从他对你进行煤气灯操控的那一刻，你就一直在和他跳着煤气灯探戈。现在你终于要改变游戏规则了，这是很大的突破。但要知道，改变通常不会在一夜之间发生。

我的建议是，从一个具体的小行动开始。例如，当布莱恩开始指责凯蒂和其他男士调情的时候，凯蒂选择放弃为自己辩护，果断退出争论。她不会要求布莱恩停止大吼大叫，也不会告诉他自己有多么不开心，更不会以如果继续指责就离他而去的话相威胁。她只会安静地退出，用沉默作为回应，或者必要时说一两句不需要对方答复的话，然后静观其变。你可以参考本书第 96 页的简洁语录，多尝试，屡试不爽。下面是一组关于这个改变过程前后对比的情境描述。

凯蒂决定改变前

布莱恩：你注意到今天晚上一直看你的那个人了吗？他以为他是谁啊？

凯蒂：布莱恩，我相信他没有恶意，他只是表示友好罢了。

布莱恩：哎，你还是那么天真！我还以为过了那么久，你终于看透了。凯蒂，他可不是"表示友好罢了"，他那是在吸引你的注意，想趁机调戏你。

凯蒂：他真的没有。他戴着结婚戒指呢。

布莱恩：呵呵，戴上戒指就不会招惹别的异性了吗？再说，你为什么会观察他，还能注意到他有没有戴戒指？你肯定也对他有兴趣。

凯蒂：我当然对他没兴趣，我已经跟你在一起了啊！

布莱恩：那个人当着我的面跟你调情就够糟糕的了，关键是你还盯着他看。你就不能趁我不在的时候再更换目标吗？

凯蒂：布莱恩，我真的没想找人取代你。我想和你在一起，我选择了你。拜托，拜托，请你相信我，我爱你，我绝对不会背叛你。

布莱恩：最起码你应该跟我说实话。

凯蒂：我说的是实话啊！你难道看不出来我多在乎你吗？

布莱恩：如果你真的那么在乎我，那就承认你刚刚有在观察那个家伙。请你跟我实话实说，看了就是看了。

凯蒂：但我真的没有！你怎么能这样诬蔑我呢？我那么爱你。拜托，布莱恩，请你相信我！

布莱恩：别对我撒谎，凯蒂，我最受不了别人骗我。

（就这样，两个人的争论持续了一个多小时，布莱恩越来越愤怒，非要证明他是对的；凯蒂则越来越迫切地想要说服布莱恩相信自己。）

凯蒂决定改变后

布莱恩：你注意到今天晚上一直看你的那个人了吗？他以为他是谁啊？

（凯蒂深吸一口气，什么也没说。）

布莱恩：哎，你还是那么天真！我还以为过了那么久，你终于看透了。凯蒂，他可不是"表示友好罢了"，他那是在吸引你的注意，想趁机调戏你。

（凯蒂心想："他明明戴着结婚戒指啊！"她差一点儿就这么说了，但她忍住没说。于是，她说："看来我们只能各自保留不同意见了。"）

布莱恩：你是不是也观察他了？你肯定也对他有兴趣。

（凯蒂很想说："我没有观察他！"但她实际说的是："我们的看法不同。我真的不想再聊下去了。"）

布莱恩：嗯，所以你现在干脆都不想和我说话了？你是想逼我走？这是不是你的计划？离开我好去投入那个家伙的怀抱？

（凯蒂非常迫切地想告诉布莱恩她不会离开他。要是她能让他安心，也许他就会平静下来！但她想起自己的决定：一定要保持沉默。她提醒自己，如果在这种情况下回复，布莱恩会曲解她的意思，或者拒绝相信她。于是她忍住眼泪，继续沉默不语。）

布莱恩：那个人当着我的面跟你调情就够糟糕的了，现在你还真的对他有兴趣了。你从来没有在乎过我，不是吗？现在你甚至懒得给我一个回答。你准备什么时候离开我，凯蒂？你是不是早就想这么做了？

凯蒂退出争论后，布莱恩扭头便离开了家。凯蒂感觉非常痛苦——她那么渴望获得布莱恩的认可，需要他爱她、信任她。她受不了他指控她撒谎，说她不忠；她担心如果他真这么看她，她就真的是他说的那个样子。凯蒂一心想把自己塑造成一个善良有爱心的人，所以她坚决不能容忍布莱恩对她的爱有半点质疑。他越是侮辱她，她就越想让他承认，他并不是真的觉得她不好。凯蒂不希望成为任何人眼中的坏人，尤其是布莱恩，因为她已经把评价自己的权力交给了他。但她又很清楚，她越是求他，他就越生气，越会变本加厉地侮辱她。于是她选择退出争论。

对于很多经历过煤气灯操控的人来说，这种方法往往会背离本意。当我们很在乎（甚至将其理想化）的人说我们有多糟糕的时候，我们的本能反应是当场否认，并寻求认同。但是，我们得学着反其道而行之，克制自己不要这样做。不要试图乞求获得操控者的认可——那可能会让他更焦虑或更生气——想办法避免参与争论。

凯蒂在这个时候还没有做好离开布莱恩的准备。她依旧愿意相信他的评价是对的，希望能从他那里"赢得"好的评价。但凯蒂已经开始意识到，试图获得布莱恩的认可只会引发痛苦的争论，让双方最后不欢而散；而尽量保持沉默，偶尔简单地回应一两句，至少可以减少争论。再往后她可以练习使用本书第96、97页中罗列的那些更加坚定果断的语录作为回应，使用熟练了，就可以避开争论。而此时，凯蒂能控制的就是不参与争论，她做到了。她很惊讶地发现，即使是这小小的一步，也让她重新收获了强大的感觉。摆脱煤气灯操控使她意识到，也许没有布莱恩的认可，她也能对自己满意。当他指责她行为糟糕或对他的爱有所保留时，她的世界也不会坍塌。她当然不喜欢布莱恩生她的气，或者把她看得很坏，但这些并不会摧毁她，也不会让她深陷其中不能自拔。知道自己可以正视布莱恩的批评，甚至没有他的爱也可以活下去，凯蒂获得了莫大的底气。

提问题的时候找准时机

通常，我们越急着要解决某个棘手的问题，越容易慌不择路，找不准恰当的时机。例如，伴侣正火急火燎地赶着去上班的时候，或者开车去亲戚家，心情已经很紧张的时候。这时如果我们的伴侣说他就要迟到了，或者因为情绪紧张而对我们发火，我们会觉得他永远都不可能改变了。好吧，也许他真的不会，但如果不在恰当的时机提出问题，我们永远不会知道真正的答案。所以试着找一个合适的时机和他对话，确保没有别的事或其他人会引发他的焦虑。如果你能伺机并计划好要怎样提出问题，而不是不分时间场合地随便就把问题抛出来，也许你会惊喜地发现你们的对话远比想象的要顺畅得多。即使情况没有好转，你也知道自己尽力了，也就没什么可遗憾的了。

比如那个喜欢争强好胜的诉讼律师特蕾茜，她的丈夫亚伦总是指责她花钱任性毫无节制，她一直很苦恼要如何解决他们之间的争论，最后她终于学会了在适当的时机跟亚伦沟通这个问题。下面是特蕾茜改变前后的一组情境对比，从中可以看出找准谈话时机是多么重要。

特蕾茜学会等待和筹划之前

亚伦：我要去上班了。对了，你的信用卡账单又到了。我可不想再看里面的单子了。我真是搞不懂，你为什么不能学着好好管理自己的钱。

特蕾茜：我明明很会管钱！我从来没有逾期还过信用卡，而且每一笔我都还了。

亚伦：那去年 12 月呢？还有之前的 10 月呢？我记得你好像有好几笔滞纳金。我的公文包在哪儿？

特蕾茜：你这么说可不公平！你知道我当时正在忙着处理一个重大案件，根本没顾上。再说了，几笔滞纳金我还是付得起的。

亚伦：你能付得起？那可是我们的共同财产！我的老婆这么单纯谁能不爱啊，一心惦记着那些贫困可怜的信用卡公司能继续生存下去。他们要是没了你该怎么办啊？好了，我得走了。

（特蕾茜记得自己的新计划，没有参与争论，而是直接告诉亚伦她对他的讽刺有何感受。）

特蕾茜：你瞧，亚伦，当你说我不清楚自己在做什么的时候，我觉得……

亚伦：特蕾茜，我要迟到了，我没时间听你的感受。

特蕾茜：但是我想告诉你……

亚伦：你不但对钱没有概念，对时间也没有概念。我给你分析一下，如果我准时去见我的客户，我就能挣到钱，如果我迟到，一分钱也挣不到。就是这么简单。

亚伦夺门而出，特蕾茜感到无比沮丧和难过。

特蕾茜学会等待和筹划之后

亚伦：我要去上班了。对了，你的信用卡账单又到了。我可不想再看里面的单子了。我真是搞不懂，你为什么不能学着好好管理自己的钱。

（特蕾茜很想说些什么，但她想起自己的决定：伺机而动，先筹划好怎么沟通再提出问题，而不是不经大脑脱口而出。于是，她深吸了一口气。）

特蕾茜：再见，亚伦。晚上见。

（当天晚上，特蕾茜先是耐心地等待两人吃完晚饭，她知道如果两个人没吃好、没休息好、没放松下来，都很容易发火。亚伦有看晚间股市报道的习惯，所以特蕾茜决定等他看完再说。不过他可能还想看接下来的球赛，但那样就会拖到深夜，她知道如果在亚伦要休息的时候跟他谈话，他会非常生气。所以，股市报道一结束，特蕾茜果断地走进亚伦正在看电视的房间。）

特蕾茜：亚伦，我想和你聊件事。现在方便吗？

亚伦：嗯，我挺想看球赛的……

特蕾茜：那你什么时候方便呢？

亚伦：你要说的事情重要吗？

特蕾茜：对我来说很重要。

（亚伦关上电视，示意特蕾茜现在可以说了。）

特蕾茜：今天早上你出门上班的时候，说我不会管理自己的钱。

亚伦：嗯，你确实不会。

特蕾茜：无论我会不会，你这么说我，让我感到很受伤。我们能做个约定吗？如果你很担心我和钱的问题，我们可以找个时间好好谈谈，你告诉我哪一点困扰到你了。否则我们就不要再纠结这个问题，行吗？每次一说起这个话题，我都很难过，我真的不想和你发脾气。

亚伦：哦，拜托。你为什么要小题大做呢？

特蕾茜：因为这对我来说是大事，这件事情不解决我会很
痛苦。

亚伦：好吧，你知道吗，我非常讨厌你把我们的钱浪费在信
用卡公司！你知道去年一整年的利率有多少吗？多到离谱！
像你这样的人完全不明白欠债会把自己的生活拖垮。你这种
娇生惯养的富家女的处事方式。反正我是看不惯！

（特蕾茜多想把这话顶回去！不过她想起了自己的计划：不
要争论，不逞口舌之快。于是，她想了个办法结束对话。）

特蕾茜：好，这个问题我们不讨论了。如果你想把球赛看
完，就看吧！

（特蕾茜走出了房间。）

其实，特蕾茜可以继续待在房间里，尝试一些其他策略对付
亚伦——具体方法我会在第 6 章里和你们分享。但就当前的情况
来说，特蕾茜觉得自己很有可能会陷入以前的争吵模式。她知道
一旦吵起来，亚伦一定会用他的逻辑、贬损和轻视把她拖垮。因
此，就像凯蒂那样，特蕾茜决定慢慢来。尽管她没有立刻得到自
己想要的结果，但她觉得以后可以再找时间慢慢聊。两个人第一

次聊钱的问题却没有发生争吵，她感到很开心。与此同时，她坦率地承认亚伦的话伤害了她的感情，这让她觉得自己更强大也更自信了。

另外请注意一点：特蕾茜特意先问亚伦什么时候谈话方便。这样一来，他就不会觉得自己被动了。正因为他有了选择时间的权利，亚伦才有可能在这段注定充满挑战的对话中不会感受到那么强烈的威胁。切记，煤气灯操控者是被"我是对的"这种需求主宰的。当他们感受到外界的威胁陷入焦虑时，这种需求就越发强烈，他们相应地便会进一步加大煤气灯操控的力度。所以，面对棘手的问题，如果你给对方一定的控制权，给他足够的呼吸空间，他反而会更平心静气地倾听你的诉求。

避免用责备的方式提问题

没有什么比说出"你总是如何如何""你在针对我"或"你的表现太糟糕了"这样的话更能迅速引发争吵的方式了。与其告诉煤气灯操控者他做错了什么，不如客观地描述问题，让自己也一起参与解决问题的过程。

下面是另一组特蕾茜前后变化对比的对话。改变之前，她在争吵过程中总是火力全开。改变之后，她总算找到了不用责备的方式提出问题的办法。

"曾经的"特蕾茜：用责备的方式提出问题

特蕾茜：我实在受不了你跟我说话的方式！你总是贬低我，

指责我愚蠢。你这么说我的时候，简直就是个混蛋！我真的受不了，拜托你别再这样了！

亚伦：你要是学会如何管理自己的钱，我就用不着说那些话了！你以为自己可以想做什么就做什么，而我就只能听之任之！那我就直说吧，真正的婚姻，不应该是这样的。你要是做一些蠢事，我肯定有权说些什么。

特蕾茜：看，你又说我蠢！我不希望你再这样说我！

亚伦：你什么时候不再做蠢事，我自然就不说你蠢了。难道我的感受就不重要了吗？

（争论又持续了一个多小时，直到亚伦吵赢了，也可能是吵累了才结束。）

"如今的"特蕾茜：避免用责备的方式提出问题

特蕾茜：亚伦，我们之间有件事让我不太开心。你说我不会管理自己的钱，而我一听这话就很生气，就急着辩解。我知道你不赞同我花钱的方式，但听你这样贬低我，我真的很难受。我很在乎你的看法，所以当你说我蠢或者说我不理解某件事的时候，我感觉很受伤。我知道你不是故意伤害我，但我确实很受伤。

亚伦：哦，所以我现在什么都不能说了？我就应该眼睁睁地看着你把我们的钱都挥霍掉却什么也不说？

（面对亚伦的指责，特蕾茜很想回应。她想说："我没有挥霍我们的钱。再说，我花的很多钱都是我自己的！"她很想得到亚伦的认可，希望自己是聪明、能干的，而不是娇生惯养的。她无法忍受被他说得如此不堪，因为她害怕他说的是真的。如果她能赢得争论就意味着他的看法是错的。不过，特蕾茜还是决定先把这些感受都放到一边，坚持自己的计划，不参与争论。）

特蕾茜：我们能做个约定吗？如果你很担心我和钱的问题，我们可以找个时间好好谈谈，我保证我会听进去的。否则我们就不要再纠结这个问题，行吗？每次一说起这个话题，我都很难过，我真的不想和你发脾气。

亚伦：那也太糟糕了。我可不想说每一句话都小心翼翼的。这毕竟也是我的家。

特蕾茜：我是真的想解决这个问题，希望你可以考虑一下。至少你可以先想想，我们回头再聊？

亚伦：我不知道还有什么可想的。

特蕾茜：好吧，至少你现在知道我的感受了。我去泡杯茶。（说完她离开了房间。）

正如你所看到的，特蕾茜已经迫不得已做好了要多次提出这个问题的准备。但她没有引发争吵，而且还保留了未来进一步对话的可能性。她还知道虽然亚伦很讨厌当场认错，他可能会中途走开，但会仔细考虑她说过的话。她其实是在给他时间，让他用自己的方式来消化她提出的问题。特蕾茜想要制造一种不会发生煤气灯操控的情境，这个情境里，不存在他必须是对的，她一定要得到他的认可。特蕾茜给他们两人都留出了空间去改变，于是他可以仔细考虑她说过的话，她也可以容忍他糟糕的评价而不再乞求他的认可。

表明自己的态度

当你取得了一些进展，感觉自己更勇敢的时候，也许会更愿意跨出这一步。我们再回到刚才的那段对话，看看特蕾茜是如何进一步改变的。

亚伦：那也太糟糕了。我可不想说每一句话都小心翼翼的。这毕竟也是我的家。

特蕾茜：我是真的想解决这个问题，希望你可以考虑一下。至少你可以先想想，我们回头再聊？

亚伦：我不知道还有什么可想的。

特蕾茜：好吧，至少你现在知道我的感受了。从今以后，只要我觉得你在贬低我，我就会说："你又来了，我们讨论过这个问题的。"如果没有改变，我会再说一次，说第三次。一直没有改变的话，我就离开这个家。总之，如果我觉得自己被贬低了，我绝对不会再待下去的。

亚伦：你从哪儿学来的这些话，你在接受什么治疗吗？

特蕾茜：嗯，可能是吧！我去泡杯茶。我们改天再聊。（说完她离开了房间。）

特蕾茜再次给亚伦留出了时间，让他消化刚才的话，而没有当即要求他回应。这个过程可能要花上几个小时，甚至几天。这样一来，即使亚伦依旧需要证明自己是对的，他也可能在不伤情面的前提下，对特蕾茜的改变做出让步。

当然，如果你决定要这么做，你就得坚定投入不动摇，这一点很重要。千万别说一些空头的威胁，或者一看到操控者加大恐吓、控制力度或大张旗鼓地发动浪漫攻势就退缩。我们总是习惯性地寻求伴侣的认可，求他让我们安心，所以会觉得选择离开，而不争论、辩解、哭闹，不是自己的本意。但是相信我，不参与争论是唯一解决问题的方法。一旦吵起来，只会延长煤气灯操控的过程。你也许需要实践很多次才能做到，而且在那之前可能会牺牲一些愉快的睡眠时间，但最终，一切努力肯定都是值得的。

坚守自己的立场

如果煤气灯操控者用言语攻击的方式回应你提出的问题，比如说"你太敏感了！""那太不合理了！""谁会这样说话？"……你只需要再强调一遍你的立场："我希望你不要再用这样的方式跟我说话。如果再有下次，我立刻离开。"如果有必要，你可以主动结束这段对话："我已经说了我想说的，我不想再和你争论。我相信你听明白了，也知道我以后会怎么做了。"

我们继续看看这种策略是如何运用在凯蒂和布莱恩的案例中的。到了这个阶段，凯蒂已经比以前坚强，两人发生争执的时候，她也不再一味沉默，而是更坚定自信。但她还需要克制自己的习惯，不去寻求布莱恩的认可，也不奢求他承认自己是个善良、忠诚、全心全意爱他的好女友。要做到这一点并不容易，但凯蒂义无反顾地选择了尝试新方法。

布莱恩：你注意到今天晚上一直看你的那个人了吗？他以为他是谁啊？

（由于布莱恩没有直接说凯蒂什么，她没回应。既然不打算跟他争论，当然也就没什么可说的。）

布莱恩：喂，凯蒂，你还是那么天真！你难道看不出来他是在和你调情吗？

凯蒂：（深吸一口气）布莱恩，我们之间有个问题一直让我觉得不太舒服。我知道你不是故意让我难受，但你骂我"天真"，我很受伤。

布莱恩：但你确实很天真啊！我该怎么做，眼睁睁地看着你接受别人的调情？你觉得那样我就好受了？

凯蒂：我是真的希望你不要对我大吼大叫。

布莱恩：哦，所以现在是你来教育我可以用什么方式、不可以用什么方式和你说话了！我就没有一点儿权利吗？再说，你为什么要这么敏感？这有什么大不了的？

凯蒂：布莱恩，我既不想被人骂，也不想被人吼。从今以后，不管你是骂了我还是吼了我，我都会说一次"你又来了"。事不过三，如果你坚持不改，我就离开这个家。

（凯蒂忍住冲动，没有在最后一句加上"好吗？"。她其实非常渴望布莱恩相信她很爱他，要求他不要那么小心眼。她依旧担心如果布莱恩说她很差劲，她就真的是个坏人了，所以她非常想获得布莱恩的认可。但凯蒂已经铁了心要尝试新方法，所以她没有再说下去。）

布莱恩：你太不讲理了！你跟你母亲越来越像了！你以为自己是谁，可以这样和我说话？

凯蒂：你又来了。

布莱恩：你别以为我是小孩儿！我是成年人！你竟敢用这种方式和我说话？

凯蒂：你又来了。

布莱恩：你太荒唐了。有什么想对我说的，你就直接说！别一直重复那句蠢话。

凯蒂：你又来了。

布莱恩：那我的感受呢？你不觉得这样无视我，我会很受伤吗？无论我说什么，你都无动于衷！

（听完这句话，凯蒂很难不被触动，因为他说的是事实。她那么擅长共情，一定能感受到布莱恩的沮丧，知道他多么讨厌被无视。布莱恩经常跟她提起以前他每次不开心时，母亲都对他很冷漠，无视他的感受。而现在，凯蒂也这样对他。她明知这样做会让自己心爱的人痛苦，还是坚持做了。对此，凯蒂感觉特别痛苦。但她提醒自己，如果改变方向，告诉布莱恩她有多爱他，他肯定会回到老路上，继续指责她和其他男士调情。煤气灯操控也必然会继续下去，而她真的很希望这种局面能尽快停止。于是凯蒂深吸一口气，离开了房间。）

凯蒂还不知道她的改变将会对布莱恩产生什么影响。说实话，她一开始的感觉并不好，甚至比和布莱恩争吵时更糟糕。伤害布莱恩让她感到内疚，她担心他接下来会怎么样，对他的痛苦感到抱歉，恨不得立刻跑回他的身边，听他说他还爱着她，求他原谅她的过分行为。

不过，几个小时之后，凯蒂的感受开始出现了变化。迷雾消散，她觉得自己变得更坚强、更自信了。她不希望刚刚过去的那一幕重演，但她知道，如果布莱恩继续侮辱她、指责她和别人调情，她就会继续采用这种方法对待他，这种过程可能至少还要经历几次。虽然她心里也不好受，但确实比以前更自信了。布莱恩这一次的侮辱对她没有造成太大的伤害，也没有完全摧毁她对自己是个好人的认知。她开始意识到，布莱恩不讲道理的各种表现，并不能表示她是个坏人，仅仅说明布莱恩自己不讲道理。凯蒂还很好奇：她的改变会对这段关系造成影响吗？

煤气灯操控者的视角

我们很容易把煤气灯操控者的动机往最坏处想——他希望通过给出负面评价来激发我们对自己最深的恐惧。但他可能确实没有意识到他的话多么伤人。如果你的操控者在一个不健康的家庭环境里长大，家庭成员完全不尊重彼此，他可能会认为这就是人们正常的交流方式，或者觉得自己的话一旦没有那么夸张，就不会引起别人的重视。所以，坚守你的立场，但同时不要侮辱他。确保你的话简洁明了、切中要害。如果他抱怨你参加他的家庭聚会总是迟到，不要反过来指责他对你的母亲也不好。只说你想要什么，你打算怎么做，然后试着以开放、关爱的方式聆听他的回答。如果你需要更多摆脱煤气灯操控、真正关掉煤气灯的建议，请阅读第 6 章，我会详细解释整个过程。

摆脱第二阶段是个不小的挑战，因为两个人的相处已经属于非常明显的煤气灯操控了。有时候，努力挣脱第二阶段并不一定会带来一段真正健康的关系，你可能只是进入了另一个版本的第一阶段。你的伴侣还是会时不时地操控你，而你也会不时地配合他。所以，如果煤气灯操控已经到了第二阶段，要想摆脱肯定是非常棘手的。可是为了成功，所有的努力都值得。尽管陷入第二阶段让人痛苦万分，但和完全、彻底被操控的第三阶段比起来还是容易对付得多。

第 5 章

第三阶段：
"都是我的错！"

盖尔是一名追求时尚、充满活力的女性。40多岁的她事业有成，在洛杉矶经营一家餐饮服务公司。四月的一个下雨天，她站在当地的一家药房门口，望着里面的货架，思考着要不要买一些吐根——一种儿童不小心吞食有毒物质后服用的催吐剂。她知道男朋友斯图尔特晚上想吃中餐，也许放一点儿吐根在他的猪肉炒饭里，他不会注意到有什么异样。想象着斯图尔特整晚在厕所里吐个不停的画面，她感受到久违的平和与宁静。望着药房的柜台，她简直不敢相信自己竟然会有这样的想法。

　　斯图尔特每晚都对盖尔大吼大叫，质疑她对事物的一切判断。她知道今晚的形势也不会太乐观：她想去参加一个即将举办的美食大会，但斯图尔特一定会说这毫无意义，因为她根本不懂该如何经营一家公司，她就是想躲开他而已。说好的二人时光呢？她怎么能完全不考虑他的需求呢？一想到这里，盖尔头痛欲裂、心跳加速，感觉快要受不了了。"你总是喜欢抛弃自己爱的人"，斯图尔特经常这样说，也许他说得有一定道理。出于各种原因，她无法想象和他分手会怎样。他说他们是灵魂伴侣，她的家人很喜欢他，他们之间的性爱很和谐，他们共同拥有一间公寓，最重要的是，她知道如果自己能给他更多的安全感，他就会更体贴、更温柔地对她。

盖尔深吸一口气，离开了药房。她永远无法对斯图尔特做出那样的事。他对她的评价是对的。他的声音一直在她脑海中萦绕。他只想和她共度二人世界，而她非要去什么美食大会，实在太荒谬了。此时的盖尔已经进入了煤气灯操控的第三阶段。

吉尔是位 20 出头的年轻女性，性格热情奔放，有着浅咖啡色的皮肤和一头乌黑的卷发。她第一次来见我的时候，几乎说不出一句完整的话。她神情焦虑、坐立难安，只能急促地蹦出几个单词，然后就好像耗尽了所有的能量一般，声音越来越小，眼神四处游移。最后，我通过她给出的迷雾般的事件描述和一些零散的细节拼凑出一个话题中心："我快要不认识自己了。"

吉尔是新闻行业的一位新秀，在一家大型电视台做晚间新闻报道。后来这家电视台改组，她被调到了负责制作专题和深入访谈系列报道的团队。之前部门的负责人很喜欢吉尔，非常欣赏她的才华，但新部门的领导似乎把她看成了威胁。随着故事逐渐展开，我发现这位新领导实际上在对吉尔进行煤气灯操控。在他的操控下，她从一名阳光自信、雄心勃勃又才华横溢的年轻女性变成了一个容易紧张、迟疑不决又满腹牢骚的"神经病"。

"我以为自己是别人眼里的香饽饽，但现在看来我一文不值，"吉尔对我说，"为什么大学刚毕业的那几年，大家都把我捧得那么高？为什么要让我误解呢，如果我只是……"说着她的声音又变小了。

　　吉尔已经深陷煤气灯操控的第三阶段。在这个阶段，被操控者会全盘接受操控者的观点，把它当成自己的认知。像我们之前看到的，在第一阶段，你会摆出各种证据，努力证明煤气灯操控者是错的。不管你是否害怕他的情感末日，你肯定会有趋同心理，总想找到让你们达成一致的方法。进入第二阶段，你开始急切地跟他、跟你自己争论。由于对情感末日的害怕程度加深，你的趋同心理也变得更加迫切，你越发努力地想让你们达成一致。到了第三阶段，你已经完全接受了操控者的观点，你会找出各种证据证明他是对的，而不再替自己辩解。这是因为你仍然相信只要得到操控者的认可，你会自我感觉更好，会提升自信，加强对自己的认知。处在第三阶段的你不仅愿意接受操控者的观点，而且会主动站在他的立场上。

　　因此，当我委婉地提出吉尔对自己的能力没有充分的认识，提醒她别忘了自己在刚入职的前几年获得的那么多奖项和晋升机会时，她很生气地说我根本不知道自己在说什么，然后开始给我上课——显然是照搬领导的话——细数她的种种失败事迹。

　　吉尔对领导看人识物、准确评判的能力深信不疑，所以很快就欣然接受了他的观点，哪怕以牺牲自己为代价。她需要相信领导拥有这种神奇的能力，因为她依旧期待着有一天能向他证明自己有多优秀。虽然她因为现在不被看好而感觉很糟糕，而且还主动放弃了对自己能力的评价和认知，但只要心存希望，相信他终有一天会认为她是一名好记者，这一切就都值得。只有到了那个时候她才可以放松下来，确信自己是一名好记者了。

　　我工作的一大部分内容是防止处在煤气灯操控中的来访者进

入被操控的第三阶段，因为在这个阶段，被操控者通常会同时受到多种形式的虐待——除了被要求接受违背现实的认知以外，她们还经常被呵斥、被利用，甚至被剥削。即使再坚强再独立的女性也有可能遇到这些情况，因为处在第三阶段的被操控者已经彻底放弃了抵抗，她们通常在自己意识不到的情况下已经接受了这样一个现实：她们生活在一个由煤气灯操控者制定所有规则的世界里，而且这些规则可以任由操控者随意改变。因此，她们对自己的任何举动都感到紧张，因为她们永远不确定下一步会发生什么。

你是否进入了第三阶段？

- 经常觉得倦怠、麻木、无精打采？
- 几乎没有机会和朋友、家人共度时光？
- 回避和你曾经信任的人进行深入的对话？
- 不停地在自己和他人面前维护你的煤气灯操控者？
- 回避一切涉及这段关系的对话，这样你就无须让别人理解你的处境？
- 经常莫名哭泣？
- 出现一些由压力引发的症状，比如偏头疼、肚子痛、便秘、腹泻、痔疮、荨麻疹、粉刺、皮疹、背痛，或者其他方面的紊乱？
- 每个月至少经历几次或大或小的疾病，比如感冒、流感、结肠炎、消化不良、心悸、气短、哮喘，或者其他不适？

- 记不清和煤气灯操控者产生分歧时的状态？

- 私下里或者在人前，总是过分纠结你是如何让他生气、丧失安全感、产生冷暴力或其他不愉快行为的？

- 更经常并且更强烈地被一种“隐约觉得哪里出了问题”的感觉所困扰？

　　让我们再来看一下那个在电影院里你出去喝水、约会对象独自等你的例子。以下是你在煤气灯操控的第二、第三阶段可能会采取的不同处理方式。

从第二阶段到第三阶段

第二阶段	第三阶段
你渴望赢得他的认可，这是你向自己证明你确实善良、能干、值得被爱的唯一途径，所以你开始从他的视角看待问题。你可能会大声地据理力争或者只是在脑海中思考，但你首先会从他的立场出发：“他说我让他一个人等太久了。嗯，我知道独自等待的感觉有多糟糕，尤其是在约会的时候。所以他生气我不能怪他。不对，等一下。我离开的时间不可能那么长！这一点是毋庸置疑的，不过我知道一个人在约会的时候，即使等待 5 分钟也会觉得很煎熬，所以我能理解他为什么会那么生气。”	你依旧渴望赢得他的认可，又感觉到希望渺茫，更别说获得持续的认可了。不过，你还是无法摆脱他的操控，因为你要么已经完全接受了他的观点，要么早已变得麻木冷漠，几乎丧失了自己的想法。你甚至懒得为自己辩护——这样做有什么意义呢？“他说我离开太久了，我想是吧！我一向不太考虑他人的感受。我不知道为什么自己不能做得更好。恐怕我就是做不到吧！”此时，你仍然寄希望于也许某一天他会认为你是善良、能干、值得被爱的。

（续表）

第二阶段	第三阶段
当他表现得很受伤或很困惑时，你想的是："我哪里做错了吗？"	你认同他的看法，而你此时甚至已经忘了你曾经对他也有过不认同的时候。又或者，为了和他的看法保持一致，你选择保持沉默或者努力压制自己的观点。"我以为我没离开多久，但你瞧，这恰好印证了我没有考虑别人的感受这一点。我总做这样的事。我究竟怎么了？为什么我在犯这种愚蠢、伤人的错误之前不能先动动脑子呢？"
你认同他的看法，也拼命想让别人听听你的观点，因为你害怕他对你的批评有可能是真的："亲爱的，请冷静下来想一想。我知道你讨厌被丢下一个人待着，但我确实没走开那么久。不是吗？"你希望通过赢得这场争论来证明你善良、能干、值得被爱，因为这个男人觉得你是这样的，这一点对你来说非常重要。	当他表现得很受伤或很困惑时，你要么觉得是自己不好才导致他这样，要么觉得自己麻木不仁、不在状态，甚至陷入绝望。你希望能取悦他，但又清楚地知道自己做不到。
你失去了做出判断或看清全局的能力，反而纠结于他指控的细节："我知道自己并没有离开那么久。但也许我真的离开了那么久，因为我确实没有什么时间观念。他为此生气，我想我不能责怪他。不对，等一下，电影还没开始呢，所以绝对不可能是20分钟。啊哈！我会把这告诉他的。但我可能在某些方面确实没太照顾别人的感受？"	无论是他对整个事件的描述还是个中的微小细节，你都没有半点质疑："他说我离开了20分钟，但我以为只有5分钟，这太奇怪了。我想我确实完全没有时间观念。在我看来，好像真的没有那么久。不过，也许这就是我总会把事情搞砸的原因吧！"

第三阶段：挫败感习以为常

就像从第一阶段进入第二阶段难以察觉一样，进入第三阶段的过程也是如此。事实上，第三阶段最可怕的一个特征就是你越来越失去了自我认知。挫败、绝望、压抑似乎成了家常便饭，你甚至忘记曾经的生活不是这样的。即使你隐约感觉到了情况的变化，你可能也会抗拒那些曾经美好的回忆，因为它只会让你觉得现实一地鸡毛、糟糕透顶。同样的，你也会主动疏远那些能够让你"重获新生"的人和关系。长时间的煤气灯操控已经让被操控者逐渐封闭了自我，哪怕是短暂地向他人敞开心扉都痛苦万分。

第三阶段真的会摧毁一个人的灵魂。据我的一些来访者描述，她们倦怠、麻木的状态几乎已经渗透到生活中的方方面面——嘴里的饭菜不香了，和朋友聚会找不到乐趣了，甚至连乡间漫步的浪漫都不足以掀起内心的涟漪了，最后，生活彻底失去了滋味，心如止水，波澜不惊。还有一些来访者说自己渐渐丧失了做决定的能力，即便是再小的决定都很困难，比如去哪儿吃午饭，看哪部电影，早上穿什么衣服。还有一些来访者说她们感觉不到真实的自己了，仿佛在她们生活中的是另外一个人。日子照常鬼使神差地一天一天过，但真正的自己被深深地隐藏了，不让任何人看见。

在我看来，进入第三阶段最糟糕的恰恰就是这种绝望无力、麻木不仁的状态。和所有被操控者一样，你把操控者理想化了，极度渴望获得他的认可。但到了第三阶段，基本上你已经不再相信终有一天你会获得这种认可了。与此同时，你对自己的评价也会跌到谷底。

就拿梅兰妮来说吧，她已经处在第三阶段了。她的丈夫乔丹仅仅因为她没有买到适合晚餐的三文鱼就恣意迁怒于她，她正经历着这段婚姻里最糟糕的日子，整日迷茫困惑、不知所措、心事重重，甚至彻底麻木。我们一起分析了这些情绪，她发现，很大程度上，那就是造成她身心疲惫的原因。

"每当我脑海中冒出与乔丹不同的观点时，我都会立刻喊停，"她告诉我，"我知道他一定会抛出一连串的问题，用他的理由和逻辑在言语上侮辱我，我实在没力气和他斗下去了。我知道他肯定会赢，结果一向如此，所以反抗还有什么意义呢？妥协更容易吧。不和他争论，看看他想要什么，然后照着做，这不简单吗？"

我问梅兰妮，处在一段完全不能影响对方的关系里有何感受。

她无精打采地说："我说不上来。我有什么感受重要吗？反正一向都是这样。"

几周以后，我再次提出了这个问题。这回，梅兰妮强忍着眼泪说："我痛恨这种感觉，好吗？不管我做什么，不管我对他有多好，不管我多努力付出，结果都没有任何改变。乔丹还是会按他的方式思考，我的话他根本听不进去。我多么希望他能像以前那样爱我，他曾经对我那么好，我很怀念那些日子。我总想着如果我能更用心一点儿，我们就能回到过去，但现在我只感到疲惫。如果努力有用，我想我还会继续尝试下去。不过，很明显，我再怎么做都配不上他。我不知道他为什么还愿意和我在一起。"

梅兰妮已经完全接受乔丹对她"无能、粗心"的评价，害怕他的情感末日——对她的种种贬低。你可能记得我在第 1 章里提过，乔丹经常告诉梅兰妮她有多么愚蠢、多么不体贴。在梅兰妮看来，她只有两个选择：要么不同意乔丹的观点，和他展开一场她永远赢不了的争论；要么干脆选择让步，认同他对她的糟糕评价。

如果梅兰妮没有这么迫切地渴望乔丹认可她是个能干的、值得被爱的妻子，她也许会看到第三个选择。她也许会冷静地后退一步，好好审视一下乔丹的问题，而不是直接审视自己。她也许可以对自己说："我不明白为什么我做的所有事情他都不满意，一定是他太不讲理、太难伺候了。"她也许还可以反问自己，是否真的想和一个如此难相处、吹毛求疵的伴侣在一起。她也许可以选择退出那些没完没了的对话，避免总是被批评。（我将在第 6 章中详细列出具体的实施步骤。）

但是梅兰妮跟所有的被操控者一样，把煤气灯操控者理想化了。自打她跟乔丹结婚以来，就一直深爱着他，把他们的婚姻视为避风港，在这里，她可以收获安全感，得到想要的保护。一旦有了这样的想法，梅兰妮就容易产生趋同心理。她希望自己嫁给了一名强大的男士，自己和他对事情的看法始终一致，永远没有分歧。

也许她一开始就全都想错了，比如她对乔丹的评价并不准确，她理想化的婚姻并不健康，承认这个可能性对她来说太可怕了，她简直不敢想象。"如果他不是我理想的那个人，那么这段婚姻就是个谎言，"有一天她这么跟我说，神情里透露着异常的愤怒，"我不信，永远不可能！他没有错，全都是我的问题！"

因为梅兰妮需要乔丹是个体贴、有爱心、绝对值得信任的好丈夫，又因为她一直没有办法让他满意，得到认同，所以她陷入了煤气灯操控的第三阶段。说实话，她来我这里问诊是希望我能"治好"她的问题，这样她就可以更好地扮演乔丹妻子的角色。她不停地说："如果我能够变好一些，我们就可以回到以前那种状态了。"

第三阶段的三种煤气灯操控者

正如每个类型的煤气灯操控者都有其专属的第二阶段，第三阶段也不例外，具体取决于你遇到的是"威胁型""魅力型"还是"好人型"操控者。

"威胁型"煤气灯操控者

就像梅兰妮很想取悦丈夫乔丹一样，吉尔很渴望获得新领导的认可。刚开始工作的时候，她希望通过自己的才华和能力来征服领导。毕竟，她曾经以优异的成绩毕业于一家颇负盛名的新闻院校，不是吗？她的作品已经斩获多项大奖，不是吗？她的上一任领导对她赞赏有加，还给她写了一封热情洋溢的推荐信，不是吗？吉尔完全有理由相信，新领导会对她踏实勤奋、朝气蓬勃的工作态度大加赞赏。

不幸的是，吉尔的新领导似乎感觉到了威胁。吉尔告诉我，这位领导性格安静内敛，平日里话不多，我猜他可能是不喜欢她单刀直入、率真干练的沟通方式。也可能还有一些种族和性别方面的因素。但无论是出于什么原因，这位新任执行制作人显然从一开始就不喜欢和吉尔共事，更不会把她想得到的最好的工作交给她。

起初，吉尔把新领导对她的态度看成一种挑战。为了能给他留一个好印象，她越来越努力地表现，拼命渴望得到他的认可，希望他能像上一任领导那样对她赞赏有加。受趋同心理的驱使，吉尔假想了一位理想中的跟自己拥有同样价值观和判断力的领导形象：如果她在工作中确实表现突出，他一定会看到并对她表示肯定。她不相信新领导会不讲道理，不欣赏她的表现，或者对"工作能力突出"的评判标准跟她不一样。

于是吉尔撰写了很长的备忘录来详细解释她的想法，她一次次想要单独找领导汇报她的项目。当他回避她的请求时，她坚持要求领导给出一个明确的答复：行或者不行。在吉尔看来，这是一名成功的记者必备的素质。而在领导看来，这是一位喜欢咄咄逼人的女性做出的非常无礼的行为。吉尔越想给他留下深刻印象，他就越想把她拒之门外。

然而，吉尔的领导所做的不只是拒绝她的请求，他还通过各种各样的小手段告诉她：她的工作做得并不好。如果吉尔递交了一份长达两页的备忘录阐述她最新的想法，他会在邮件里简短地回复一句："表述不充分。"如果吉尔再发一份三页的备忘录，他又会回复："太冗长了，凝练重点。"如果吉尔坚持要和他面谈，他一定不会同意，还会嫌她太依赖他的意见，希望她能独自完成自己的工作。当然了，除非她承认自己没有这个能力。但如果吉尔真的按照自己的想法做了，他又会指责她不尊重上司，是个"我行我素的危险人物"，然后在会上公开批评她缺乏团队精神。总之，吉尔越想给领导留下好印象，他就越看不上她。

如果吉尔不是如此迫切地想获得这位领导的认可，她也许就能看清楚：事实上，无论她做什么，他都不会满意。她也许会说："很显然，这家伙就是看我不顺眼。我有三个选择，一是坚持到底，守得云开见月明；二是立刻辞职；三是向平等就业机会委员会投诉，惩罚他的过分行为。"这三个方案吉尔一个也没想到，她其实完全有理由用"不公平"来形容她的遭遇。要是她能用更加开放的视角把问题看清楚，就可以在这个糟糕的情境里做出最好的选择。

但是吉尔却选择了责怪自己。尽管她是第一个承认不喜欢新领导的人，她还是认为他的意见对她来说无比重要，事实也确实如此。他对她越不好，她就越努力地想要做给他看。然后，当她所有的努力都无一例外地付诸东流时，她开始责怪自己：一名好记者肯定能让领导满意，肯定能找到办法解决个性冲突或其他问题，肯定能顺利完成工作。可是，吉尔一点儿都没做到，所以她肯定不是一名好记者。

我希望吉尔明白，如果她能够意识到自己太过在意领导的评价，她的情况也许会有很大的改善。一旦她找到方法让自己不那么在意领导的认可——不让他来评判自己，而是自己主宰评判权——就可以摆脱煤气灯操控。但在很长一段时间里，吉尔始终放不下总有一天会让领导满意的执念。即使到了她最终认输的那一刻，她仍然没有怪他，还是在责怪自己不够好。

"我受不了总是不能被他理解，"她一次次地告诉我，"我快要疯了。无论我说什么、做什么，他都拒不接受；无论我表现多好，他都视而不见；无论我多努力，他都毫不在意。他根本不关心我做什么。这让我感觉……"

"感觉什么？"她支吾的时候我追问了一句。

"感觉自己毫无价值，"吉尔终于很小声地回答道，"好像我骗过了所有和我合作过的同事，唯独这位领导看穿了我的真面目。"

吉尔需要得到领导的认可来确认自己聪明能干，她很容易被他的评价影响。跟莉兹的处境一样，尽管吉尔手里也有大把证据可以证明表面看起来很有魅力的领导却在背地里给她搞破坏，她依然很难看清自己所处的形势。面对不讲道理、对下属进行煤气灯操控的领导，这两位女性非但没有从现实角度出发看清自己的真实能力，反而一直在尝试让这段职场关系"正常运转"，总是责怪自己"做得不够好"。

尽管莉兹整天纠结自己和领导的关系，但她只到了煤气灯操控的第二阶段，而吉尔已经进入了第三阶段，完全看不到希望，感受不到快乐，整日笼罩在绝望的情绪里。不过，尽管阶段不同，两者面临的操控模式是基本一致的：领导需要时时刻刻证明自己是"对的"，而员工则迫切地需要得到他的认可。要想摆脱煤气灯操控，莉兹和吉尔都需要拥有清晰的自我认知，有随时放弃当前工作的心理准备，即使可能现实情况并不需要她们真的这么做。只有那样，她们才能抵抗煤气灯操控，因为在那种情况下她们才可以克制自己的趋同心理，接受自己和领导可能有不同的想法和感受这个事实，不再为了赢得领导的认可而甘愿付出一切代价。

"魅力型"和"好人型"煤气灯操控者

到目前为止，我们见到的处于第三阶段的两位女性——梅兰妮和吉尔——遇到的都是"威胁型"煤气灯操控者，对方惯用侮辱、贬低的方法来进行操控。但如果遇到的是"魅力型"或"好人型"煤气灯操控者呢？这两种类型的第三阶段会是什么样子呢？

还记得那位社工桑德拉吗？她和善解人意的丈夫彼得拥有一段看似完美的婚姻，但桑德拉却用"无趣"和"麻木"来形容自己的生活。她来找我咨询的时候，已经深陷煤气灯操控的第三阶段。她甚至已经不知道什么事情可以让她快乐起来。"我觉得自己很颓废，"她不停地重复，"颓废又麻木。"

桑德拉一再强调她的婚姻很完美，她和丈夫彼此坦诚且无话不谈，于是我问他们平时喜欢在一起做什么。她说两人都很忙，除了打扫房子、照顾孩子之外，基本上没有精力再做其他事情。刚结婚的时候，桑德拉曾试图制造更多的"二人世界时间"，但出于种种原因，一直没有实现。她告诉我："我们都很想这么做，但后来我也不知道为什么，总是没能如愿。"

　　我建议桑德拉邀请彼得某个晚上外出约会，看看会发生什么。桑德拉再来找我的时候，是这么说的："嗯，他说他非常乐意，说这个主意很棒。但是当我们两个掏出日程表的时候，我发现他这周太忙了，实在挤不出时间。所以我们打算下周再看看。"

　　随后的一周，桑德拉说，彼得看起来非常期待两人的"重要约会"。他主动提起这件事，并在当地最高档的餐厅预订了位置，他甚至还说要找一位保姆帮忙照看孩子。

　　桑德拉很兴奋，因为这说明她的看法是对的：彼得就是个不折不扣的"好人"。但是到了两人约会的那个晚上，桑德拉大失所望。她回忆说，彼得那天工作了很久，下班之后已经筋疲力尽了。他们去了那家他千辛万苦才订到座位的餐厅，但因为太累了他几乎没怎么吃，而且整个吃饭过程中他都一副心事重重的样子。后来两人一起去看桑德拉选的电影，彼得看到一半就睡着了。尽管一切都是"按计划进行"的，但这个约会之夜显然糟糕透了。

　　在我看来，桑德拉的经历是"好人型"煤气灯操控的典型。表面看起来，彼得对她很好，但他并没有真正和她心意相通，也没有给她她所渴望的那种亲密和陪伴。他假装积极主动地和她约会，但他的实际表现让她很失望，关键她还找不到什么借口抱怨。她只能反复地说："我想要的一切他都给了我，但我还是不开心，这只能怪我自己了。"

　　"可是他并没有给你你真正想要的啊！你只不过是想跟他好好地度过一个美好的夜晚，他却心不在焉，人虽然去了，但只是走个过场而已，这完全不是你想要的。"我对她说。然后她无精打采地回答道："也许吧，但我真的不知道我有什么可抱怨的。"

当然了，如果桑德拉和彼得这次令人扫兴的约会之夜只是偶然的一件小事，那也没什么好在意的。但事实上桑德拉经常会有这样的感觉，虽然彼得确实按照她的意思去做了，她还是感觉不到满足。在我看来，彼得更乐于维护自己的好人形象，他从未想过要和桑德拉产生真正的共鸣。而桑德拉完全被彼得的想法控制了，她需要把彼得看成一个好人，就像他需要把自己看成一个好人一样。

我辅导的另一位来访者奥利维娅也遇到了类似的问题，她面对的"魅力型"煤气灯操控者是她的丈夫马丁。奥利维娅皮肤黝黑，颧骨突出，身材又高又瘦。她以前当过模特，现在是当地一家百货商店的采购员，40出头的年纪。丈夫马丁是一名房地产经纪人，他们结婚已经超过15年了。最初奥利维娅被马丁骨子里的浪漫吸引，喜欢他奢侈、迷人的举动。但现在，那种迷恋已经渐渐消失。

"就好比昨天晚上，"奥利维娅说道，"我下班回到家，浑身乏累。马丁说：'哦，亲爱的，别担心，我给你做个按摩，保证让你永生难忘。'可我真正想要的是独自泡个热水澡，安安静静地吃顿晚饭，然后和他聊聊天，或者窝在沙发上看电视——总之就想简简单单、安安静静地待着。结果，马丁非要大张旗鼓地搞一堆阵仗，又是按摩油，又是香熏蜡烛，又是气氛音乐。而且他还一直对着我喋喋不休，说我有多美丽，说他会让我感觉多么美妙。整个过程就好像他在跟别人形容我是怎样的，而不是真正在跟我聊天。"

我问奥利维娅有没有把自己的感受说给马丁听。她耸了耸肩，失落地说道："过去这 10 多年，我说的任何一句话他都没听进去。更不指望他现在会有兴趣听了。"

就像桑德拉觉得彼得做的"好事"并不能真正满足她的需求一样，奥利维娅经常觉得马丁的举动更多是为了满足他自己的浪漫幻想，完全与她的喜好和需求无关。和所有身处第三阶段的被操控者一样，奥利维娅已经认定，无论自己做什么，结果都不会改变。"我做什么、说什么，对他根本没影响，"她告诉我，"而且，如果他真的按我的想法做了，结果恐怕更糟，他会一整个星期都闷闷不乐。我可受不了——我会特别内疚。他只不过想做个好丈夫而已，为什么我就不能好好享受呢？"

尽管桑德拉和奥利维娅感到不开心，但她们还没有做好摆脱煤气灯操控第三阶段的准备。跟我们见到的其他被操控者一样，她们都觉得问题出在自己身上。桑德拉责怪自己太苛求。她觉得换作其他女性一定会欣赏彼得的付出，而不是总抱怨自己得不到满足。她希望我帮她学会笑着接受彼得所给予的一切，不要总想着改变他。

奥利维娅也觉得问题出在自己身上。她觉得如果她能更随性、更识趣、更热情一些，她就能跟上马丁的步伐。奥利维娅的两位姐姐和母亲的婚姻都很不幸——三位丈夫不是抛妻弃子，就是婚内出轨——所以奥利维娅一想到天性浪漫的马丁这么一心一意地待她，她却不懂得感激，心里更内疚了。

桑德拉和奥利维娅都害怕情感末日，而它经常会出现在煤气灯操控之中。桑德拉眼里的情感末日是彼得的愤怒。虽然大部分时间彼得都在努力表现得很好，但有时也会大发雷霆，而桑德拉永远不确定他什么时候会突然爆发。冷静下来以后，他又表现得好像什么都没发生一样。如果桑德拉提起彼得发怒的事，他会简单地道个歉，然后转移话题。桑德拉觉得彼得似乎永远不清楚他的愤怒让她多么痛苦。当我继续追问的时候，她说："可他已经跟我道歉了，我怎么还能没完没了地揪着这事不放呢？"就这样，一次又一次，彼得都"做得很得体"，但是，一次又一次，他都没有让桑德拉真正感到满足。

奥利维娅害怕面对的情感末日是马丁的闷闷不乐和她随之产生的罪恶感。没能感激马丁的浪漫举动已经让她很内疚了，如果再让他变成她描述的那样，"整天愁眉苦脸地在屋子里走来走去"，她就彻底崩溃了。每次他发泄完情绪之后，总少不了送上一份大礼，她只会越发内疚。

遭遇"魅力型"或"好人型"煤气灯操控的女性可能很难解释，无论对他人还是对自己，问题到底出在哪里。对方配合自己，做出浪漫的举动，这些看起来都是好事，他们能有什么问题呢？

问题就在于煤气灯操控。

"魅力型"操控者为了满足自己的需求而精心策划了一出大戏，他还会努力说服对方自己这么做是为了她。他告诉伴侣要好好享受他的浪漫，但他其实并不真正在意她是否真的享受。他只是完成了一场表演，自以为她应该很享受。

"好人型"操控者一边想方设法让妻子相信自己已经达成所愿，一边又偷偷打着自己的算盘。又或者，他做事从来不尽全力而处处有所保留，却会说服妻子相信他已经竭尽所能做到了极致，设法让她产生"如果这还不满足就太过分了"的念头。

如此一来，被煤气灯操控的女性感到孤独、困惑和沮丧却说不出原因。如果她提出反对，操控者就会"使"出情感末日：他可能大吼大叫，扬言要离开她，或者对她进行批评轰炸。如果事后他再像彼得那样主动道歉，或者像马丁那样送上一份大礼，她的感觉只会更加糟糕。在整个过程中，操控者从来没有真正考虑过她的感受，但他无时无刻都要求她相信他已经对她百般体贴了。这样的行为会让人感到孤独和沮丧，时间久了会导致抑郁。

照顾好自己：身心结合训练

身处煤气灯操控第三阶段最让人痛苦的就是，你会忽略自己的情绪，跟过去那个最好的自己渐行渐远。要想重新获得跟"自己"的联结，选择某种身心结合的训练不失为一种好方法。比如，瑜伽、太极、武术，或者其他形式的动态冥想。这些运动会让你的心灵安静下来，接纳内心深处的自我，不是通过讨论、分析和想象，而是通过充分的运动，将你的身、心、灵融为一体。你可以在当地的健身房、瑜伽中心或武术中心加入一个适合你水平的班级，也可以去一些保健品商店或新概念书店咨询相关老师。

如果你只想尝试冥想，你可以从书里或课堂上学到具体步骤。（征求当地的瑜伽老师或武术教练的意见。）冥想时，你可以静坐15～30分钟，关注自己的呼吸，让杂念慢慢消失。据练习冥想的人说，他们变得比以前更冷静了，更能和自己的身心连接，抵抗压力的能力也越来越强了。冥想能够给内心深处的自己提供足够的时间和空间，让心底的声音真正被听到。

我们为什么没有选择离开？

是什么让梅兰妮、吉尔、桑德拉和奥利维娅这些在其他方面很优秀的女性死守一段已经进入煤气灯操控第三阶段的关系呢？前文已多次提到，煤气灯操控关系的主要互动模式是，一个煤气灯操控者，为了维护自己的权力意识和自我认知而时刻需要证明"自己是对的"；一个被操控者，把对方理想化，迫切渴望获得对方的认可。只要你的内心深处还有一丝一毫认为你需要煤气灯操控者的认可才能提升自我感觉，增强自信心，强化你在这个世界上的自我认知，你就只能是煤气灯操控者的待宰羔羊。

除了这个基本的互动模式，我还发现了4个能让人明知某段关系会造成内耗、痛苦和无力感，却依旧选择继续忍耐的原因。

暴力威胁

进入煤气灯操控第三阶段的女性所害怕面对的，除了前文中已经分析的几点，有些女性还担心，或者早已经历过，来自操控者的身体暴力或相关威胁。如果你或你的孩子曾遭受身体暴力，或者你相信有这种可能性，那就赶紧离开家，去一个安全的地方——亲朋好友家、收容所，甚至某个餐厅，总之找一个你可以打电话、决定接下来该怎么办的地方。你首先要关心的是如何保护自己和孩子的人身安全。只有当你知道你和孩子会一直安全的时候，才有可能去解决情感层面的问题。

物质考量

说实话，很多女性不愿意放弃操控她们的伴侣或领导所能提供的经济保障或生活水平。尽管她们知道自己不开心，但还是会选择相信对方。对也好，错也罢，如果生活水平降低了，她们会更不开心。很多女性认为自己一旦选择离婚或者更换工作，不管是经济上还是情感上，孩子都会跟着受苦。在某些女性看来，虽然自己的伴侣不是好丈夫，但确实是位好父亲；又或者，即使有一些其他方面的问题，她们能看出来孩子很依赖父亲。还有些女性觉得操控她们的领导能够为自己提供宝贵的工作机会，发挥她们的创造力，推进事业发展，提高经济收入。

当然，有时候我们会错误地估计潜在的利弊得失。我们夸大了待在煤气灯操控关系中所能获得的好处，而忽略了跳出这段关系所能带来的机会。比如吉尔，她坚信自己再也找不到一份像现在这么好的工作了。这正是她的领导能够控制她的一部分原因——让她觉得自己的整个职业生涯都掌握在他手里。但当吉尔从这段关系里走出来的时候，她逐渐意识到自己既年轻又有才华，而且工作业绩一直很突出，即使这位新领导拒绝帮她写一封赞不绝口的推荐信，前任领导和新闻学院的教授也肯定乐意帮忙。换句话说，不管现任领导是否帮她，她都还有大把机会在自己的行业里占据一席之地。

同样地，当梅兰妮考虑离开乔丹的时候，她最大的顾虑也是钱。梅兰妮从小在单亲家庭长大，整个童年时期都充斥着母亲担心还不了账单的恐惧。梅兰妮花了相当长一段时间才意识到，自己作为营销分析员的工作比当年母亲四处奔波做服务员的处境好太多了。虽然她不一定能住在像乔丹提供的那么豪华的公寓里，或者去奢侈地度假，但是至少不用为生计问题发愁。

当然，有时候，我们对物质的考虑是完全有必要的。我曾经问桑德拉有没有想过离开彼得，她吓得脸色苍白。"我怎么能这样对待我的孩子呢？"她问我，"他们都很爱他。"作为一位离过婚的母亲，我非常理解桑德拉。让孩子和父亲分开确实是件很难的事，任何一位母亲在这样做之前，都要考虑孩子的需求。离婚可能是正确的决定，但同时也会带来切实的损失。

同样地，如果吉尔面对的情况不是这样，她也完全有理由担心自己的职业前途。比方说，如果她已经 50 多岁了，再找一份新的工作确实比较困难，尤其是高级岗位。又或者，她可能一直在一家只做某一类型新闻的公司上班，辞职就意味着可能要去做其他类型的新闻，获得的薪水可能会降低，还可能要做一些迫不得已的改变。在这种情况下，离开操控她的领导可能真的意味着断送职业生涯。

然而，未来是好是坏，谁也说不准。我们其实并不清楚离婚或者待在一段不健康的关系里会对孩子产生怎样的影响。我们不确定自己能否接受拮据的生活，也不知道自己能找到什么样的工作。我们所能做的就是做出我们最有根据的设想，然后衡量继续在煤气灯操控关系，尤其是一段让我们觉得压抑、痛苦的关系中可能要付出的代价。处在第三阶段，你经常觉得自己无权享受任何东西，包括快乐。但快乐无处不在，你完全可以和其他所有人一样，去发现快乐，享受快乐。

害怕孤独

很多人都忍受不了单身的念头，所以结束一段恋情就好像世界末日来临一样。我们根本无法想象一个人生活的孤独。

也有很多人总是害怕被抛弃，这种恐惧会深深地影响我们的各种关系，包括和朋友、同事以及领导的关系。在所有这些案例里，离开或疏远一段关系都可能会引发强烈的孤独感，而这种孤独感似乎远比最糟糕的煤气灯操控还要令人痛苦和可怕。于是我们把操控者理想化，迫切地想要通过忍耐来维系这段关系，而不承认这段关系已经多么糟糕和失败。

对某些人来说，身份认知是在自己所处的关系，或者所做的具体工作中建构起来的。例如，当我试探性地问梅兰妮，如果她当初没有嫁给乔丹，她会怎么样时，她一脸沮丧地回答道："那我就什么都不是了。离开他，我真的什么都不是。"吉尔也说过非常类似的话。她说："如果我不能胜任这份工作，那我就一事无成。"

还是那句话，我们要知道未来一切都有可能发生。当我们决定要摆脱一段煤气灯操控关系的时候，虽然会有对未知的恐惧，但一定会如释重负。我们也许会发现自己一点儿都不孤独，反而充满力量，格外满足。又或者，我们也许还会想念煤气灯操控者，却不后悔离开的选择。没错，有时离开或摆脱煤气灯操控关系确实会引发我们的孤独和焦虑，这些感觉是我们所害怕面对的，尽管很痛苦，我们还是知道自己做了正确的选择。

通常，我们的文化都会传达给我们这样的信息：身心健康就能拥有简单、纯粹的快乐。我认为事实并没有这么简单，即使最合理的选择也可能导致懊悔、悲伤和恐惧。但是，如果我们勇敢面对自己的恐惧，做出明智的选择，我们会庆幸这个决定帮我们保持了完整的自我。

不想丢人

面对现实吧！一旦进入第三阶段，你所处的这段关系必然会问题重重。对很多人来说，承认局面已经到了这么糟糕的地步简直是奇耻大辱。摆脱这段关系就好比承认失败，而留在这段关系里似乎还有补救的机会。

毫无疑问，梅兰妮对她的婚姻，吉尔对她的工作，都是这样的感觉。她们都觉得承认自己无力改变现状是一件很丢人的事。梅兰妮认为一个健全的人肯定可以和乔丹好好相处，而吉尔则相信当一名出色的记者必然能让不讲道理的领导刮目相看。她们没有从现实出发看待自己的操控者，而是一味埋头苦干、盲目尝试。在他们看来，哪怕付出天大的努力，也比承认"失败"要好得多。

很遗憾，逃避现实并非长久之计。无论你是否决定结束这段不健康的关系，你都不可能通过无视问题让自己变得开心（不管决定离开还是留下）起来。你必须先正视问题，然后才能理智、冷静地分析当前的状况有没有改善的可能。

梅兰妮需要坦诚地面对真实的乔丹。她要意识到他的批评是多么的不公平、不讲理，对她的伤害有多深。她要认清自己已经变得多么不开心，多么痛苦、困惑和沮丧。她要承认这段婚姻的现状，不是参加几次心理治疗就可以自动修复的理想港湾，而是肉眼可见、令人挫败的，已经进入第三阶段的煤气灯操控关系。她和乔丹之间的问题，也许能够得到改善，也许不能，但如果她不肯面对现实，情况永远不可能有任何好转。

同理，吉尔需要看清她领导的行为是多么不合理。她需要面对一种可能的事实：出于一些荒谬的偏见或喜好，他或许宁愿损失一位像她这样优秀的记者。她需要接受自己可能永远无法让领导满意的现实，并问问自己如果真的是这样，接下来要怎么做。盲目地只顾埋头更努力地工作，等待事情自动出现转机根本不可能，只有清醒地面对现实才可以改变现状。

如果你总担心自己会丢脸，那么你需要对自己仁慈一些，相信一次犯错，甚至几次犯错都不丢人。你甚至可以相信这种羞辱的痛苦只是你为了脱离苦海所要付出的很小的代价。

你还要知道，时间会弥合很多伤口。当你找到了一份更好的工作，或者拥有了一段更加令人满意的恋情之后，那段你在离开时感觉很丢脸的经历都会变成遥远的，甚至有些讽刺的回忆。

幻想的力量

很多人选择停留在不健康的关系里，是因为对煤气灯操控者和自己仍抱有幻想。我们把操控者看成灵魂伴侣，一个绝对不能失去的人，自己一生的挚爱。又或者，我们会美化"永远的朋友"、多年宝贵的友情记忆。我们还可能对岗位晋升存在幻想，总觉得如果离开现任雇主就断送了职业进阶和发展的机会。而当涉及家人时，我们的幻想就更夸张了。很多人对父母或一起长大的兄弟姐妹有着强烈的感情，认为自己的一切都归功于他们，他们值得依靠，可以格外亲近。甚至等我们长大后搬出去住了，我们会突然不知所措。因为我们虽然离开了他们，但并没有放下幻想，依旧认为自己的生命里应该有一个无所不能的人，这个人能够照顾我们，无条件地爱我们。

对所有被操控者来说，幻想在我们所处的关系里扮演着很重要的角色，尽管我们自己不一定会意识到这一点。当我的来访者、朋友和身边认识的人慷慨激昂地在我面前夸赞操控者时，她们觉得自己只是在陈述事实。下面是一些典型的例子。

- "最初的一切是那么美好，我不相信我们再也回不去了。"
- "他是我的灵魂伴侣，从来没有谁能像他那样带给我那样的感觉。"
- "我每时每刻都在想他。我那么爱他，我没法想象没有他的生活。"
- "她是我最好的朋友，她一直都是我最好的朋友，她总在我有需要的时候支持我。"
- "她太了解我了，没有人像她那样了解我。"
- "她一眼就能看穿我，我身边需要有这样一个人。"
- "我有太多关于她的美好回忆，我们一起经历了那么多。"
- "这是我做过的最棒的工作，我的一切都归功于这位领导，我不能让他失望。"
- "我再也找不到一份这么好的工作了。"
- "再也不会有人像他那样给我机会了。"
- "他那么有才，是个十足的潜力股。我不想失去获益的机会。"
- "她是我母亲，愿意为我赴汤蹈火，我怎么能让她失望？"
- "我一向依赖父亲，即使他有时对我大吼大叫，最后还是会帮我。"

- "姐姐就像是我最好的朋友，虽然我们一天到晚吵个没完，但我知道她值得依赖。"
- "我一向尊重我大哥。尽管有时他会贬低我，我知道他其实是站在我这一边的。"

我相信我的来访者和朋友在说这些话的时候，都非常坦诚。但与此同时我也相信，无论她们是否意识到，她们所说的那些并非都是事实。

当某段关系让我们感到疲惫、痛苦、困惑，我们为什么还要死抓不放呢？为什么我们可以牺牲那么多，只为留在一段被操控的关系里？

那些选择留在煤气灯操控关系里的我们，潜意识里会觉得我们需要有忍受一切、修复一切的能力。比如梅兰妮，她需要相信自己是个善良、有教养的人，拥有能够包容一切的爱，在必要的时候凭一己之力就能打造一段幸福的婚姻。无论乔丹表现得多糟糕，她都应该、可以并且一定会给予足够的爱，让这段婚姻继续下去。接受乔丹让她非常不开心的现实，也就意味着放弃理想化的自己，承认仅靠单方面爱的力量无法改变丈夫的糟糕行为。

同样地，吉尔需要证明自己足够强大、足够有才华，任何领导都不能小看她。她很希望确信即使在最糟糕的情况下依旧能做好自己的工作。凭借她的能力，再差的工作也能变得很顺利。承认领导不在乎她的业务水平有多好，就好比让她彻底放弃自我。

正如大家看到的，这些都是对个人能力的幻想。在我们的想象中,只要处理得当,我们就可以改变所有的不良状况。我们选择继续待在操控者身边,拼命证明我们可以改变他们。如果失败了,我们又会努力说服自己,他糟糕的行为无伤大雅,因为我们足够强大。

这种做法的根源要追溯到童年时期。一些不合格或者不可靠的父母总会把孩子扔在角落里独自消化情绪。这些父母有时表现得像自私的孩子,这一点孩子自己恐怕很难接受。哪个 2 岁、4 岁,甚至 12 岁的孩子能够接受妈妈无法保护自己、爸爸兑现不了承诺?拥有靠不住又缺乏爱心的父母对孩子来说是非常可怕的事情!我们还没有成熟或强大到可以自己照顾自己,如果父母不照顾我们,那还有谁呢?如果连妈妈或爸爸都不爱我们,我们一定不值得被爱、不招人喜欢,更不会有其他人会爱我们了。

然而,我们看不透现实,看不到父母不能用我们希望的方式照顾或爱我们是他们自身的问题,反而责怪自己("肯定是我不好"),就像之后和煤气灯操控者之间的情形一样。但我们做的远远不止于此。我们会建构各种幻想,期待弥补现实中遭遇的冷落和失望,同时获得更多的控制权。如果我们足够坚强、足够强大,父母能不能照顾好我们就无关紧要了,我们甚至可以反过来照顾他们!"不管妈妈做什么,我都会没事的。"小女孩可能会这么对自己说。又或者:"无论爸爸多么让我失望,都不要紧。"我们努力把自己看成坚强、宽容、善解人意又宽宏大量的人——父母的失职行为没有那么重要。

遗憾的是,在这些充满希望的幻想之下,藏匿着无尽悲伤、愤怒和恐惧的情绪——每一个得不到有爱心的、强大的成年人照顾的孩子都会有这样的感觉。我们都需要来自他人的认可、赞赏和喜爱，当有人承诺能够给予我们这些东西的时候，我们自然会被吸引。但是受到煤气灯操控的人不仅仅是被吸引而已，我们同时被三种幻想驱动。

① 就像孩童时代父母曾是我们唯一的养育者一样，煤气灯操控者成了我们现在唯一的支持者。只有他能给予我们我们的父母不曾给予的可靠的爱。他是我们的灵魂伴侣，是我们的理想导师，是我们最好的朋友。他的爱就是我们想要寻求的认可。

② 如果他没有给我们我们所需要的，我们也相信自己能够改变他。仅仅靠我们的宽容、爱心和示范就可以把他变成理想中我们值得拥有的父母的样子。

③ 无论他的表现有多糟糕，都不重要，因为我们强大（或宽容、耐心）到可以改变这种局面。如果我们没有足够的能力改变他，至少我们有强大的容忍度。

所以，煤气灯操控者的不良行为非但没让我们降低喜欢他的程度，反而让我们更爱他了，因为这又为我们提供了一个证明我们有多坚强的机会。如果我们在婴儿时期、在孩童时代就能那么坚强该多好！唉，可惜我们并没有，但是现在还可以弥补。我们可以纯粹靠意志把这段糟糕的关系变成一段健康的关系。如果这意味着我们要容忍一个侮辱、无视我们，或者看起来更多考虑自己的需求，而不是我们的需求的人，如果这意味着我们要容忍一个不近人情的爱人、领导或朋友，那也没什么不能接受的！至少现在我们的种种痛苦有了回报——我们得到了这位美好的灵魂伴侣、这位优秀的导师、这位超棒的挚友。我们死守着对这段关系的幻想，因为它让我们暂时忘记了自己内心最深的恐惧——没有人会以我们希望的方式来爱我们。就像孩童时代那样，我们会感到失望和孤独。与此同时，他的糟糕行为让我们越来越不喜欢自己，因为我们总是得不到他的认可，无法证明自己多么善良、能干、值得被爱。

如果你的处境也是这样，那么你要接受的既有好消息也有坏消息。坏消息就是要放弃对这段煤气灯操控关系的种种幻想。当一位来访者用颤抖的声音悲伤地说："我再也找不到这样的男士了。"我只能尽量控制自己心平气和地回应："是啊，你很可能找不到了。但是，你真的想要这样的男士吗？每次你都跟我说你有多痛苦，继续同样的经历真的值得吗？"

或者，一位来访者可能带着愤怒或惊慌的口吻说："没有这份工作，我还能做什么？如果我再也找不到这么好的职位，我该怎么办？如果我不能继续从事这个行业，或者达不到现在的成就，我该怎么办？如果我再也找不到一位像他那样理解我的导师，我该怎么办？"那我一定会说："你可能确实没办法再找到像现在这么好的条件的工作，但如果你继续待在这段关系里，你甚至连想象你还会有更好选择的能力都耗尽了。"

又或者，一位来访者说："我从 14 岁起就认识这位朋友了。以后再也不会遇到从少年时期就认识的朋友了，她是唯一一个。"这一点我必须同意："失去这份友谊，确实会丢掉一些对你来说很重要的东西。但我也必须要说，你得想想，你跟我抱怨了多少次，你不喜欢她对待你的方式。想想那些经历，你还觉得继续维持这段友情，继续忍受那么多的不快乐，都是值得的吗？"

因此，坏消息就是如果我们选择离开煤气灯操控关系，可能真的要放弃一些对自己有特殊意义的东西。我们可能再也找不到一位伴侣，能让我们爱得如此热烈、如此投入，认定他就是自己的灵魂伴侣；我们可能再也找不到一位导师或一个工作机会，能比得上现在想要放弃的导师或工作机会；我们可能再也找不到一位朋友能像现在这位让我们抓狂的操控者一样，让我们痴痴地喜欢，或者对我们如此了解。

与此同时，好消息是如果我们有勇气摆脱这些煤气灯操控关系，诚实地看待这样的关系让我们付出的代价，就可以终结困扰了我们一辈子的可怕的恐惧——没人爱、孤独。我们会看到，自己已经足够成熟，能够当好"自己的父母"，用我们小时候用不了的方式照顾自己。我们会看到，这个世界充满爱——无数充满爱心的朋友、支持我们的同事和有可能成为生活伴侣的人会走进我们的生活，取代那个我们曾经过度依赖的、以为是唯一的"灵魂伴侣"。

如果我们可以意识到，真正的自我并不需要依靠别人来维护，我们也不再是无助的婴儿，不再是迫切需要把家长视为英雄的孩童，那么我们就可以好好珍惜生命中出现的各式各样的人，而不是把他们当成我们缺失的合格的父母。我们可以成为自己的父母，好好照顾自己，这样我们和伴侣、同事及朋友的关系都会建立在爱和渴望的基础之上，而与需要和绝望无关。我们可以确定，如果别人对我们不好，我们有勇气拒绝交往，果断离开，这将大大提高我们被善待的概率。

就我的经验而言，脱离煤气灯操控关系的人不会再想经历之前那种魔法般的、仿佛可以把自己从所有的恐惧中解救出来的感觉。不用再为过去的痛苦疗伤，恋情会变得更正常、更令人满意。也许新鲜感早晚会消失，可这真的很糟糕吗？试想一下，如果来电显示是新男朋友的名字，你看到后不是惴惴不安，而是发自内心地微笑，你感觉怎么样？如果一段感情不会让你紧张到吃不下饭，而是带给你一种轻松平静的感觉，你感觉怎么样？如果你的恋情不再是一趟惊险刺激的过山车，不再是一道有极大挑战性、令人困惑的数学题，而仅仅是一种舒适、安逸、令人享受的陪伴，你又会是什么感觉？

放弃那些不切实际的幻想，你依旧可以享受趣味十足的对话、令人满意的性爱、深切真挚的友谊和重要的工作关系，但它们的深刻程度可能比不上之前那段煤气灯操控关系。你也许不会觉得这些新的关系拯救了你的生命或者颠覆了你的世界，但至少你不用再整天如坐针毡、如履薄冰。每当电话响起（或不响）的时候，你不会再有那种不安的感觉。你也不会翻来覆去地因为纠结是否可以做些新奇的事情让他开心而整夜失眠。成年人的世界，有时可能会觉得寂寞，但大多时候是被爱包围的，不管怎样，你再也不用忍受来自他人的情感虐待。

照顾好自己：寻求治疗或者其他形式的帮助

如果你觉得是时候做出改变了，或者至少准备更多地了解有哪些选择，你可能已经做好求助的心理准备了。作为一名治疗师，我由衷地推荐你选择心理治疗来帮你获取你需要的力量。心理治疗有时会令人沮丧、痛苦，但它也可以提供强有力的扶持和支撑。这世上没有什么比知道有人相信你、理解你、全心全意帮你实现目标更让人欣慰的了。

如果心理治疗不适合你，不妨考虑寻求其他形式的帮助或支持。比如，生活顾问，他们虽然大多没有经过像心理医生那样的专业培训，但在帮助你确定目标、制订行动计划等方面同样可以起到很好的作用。除此之外，精神领袖或者人生导师（他们有些经过培训也会成为心理治疗师）也可以为我们提供支持，启迪我们的心灵。如果你自己或者身边的某个人正在滥用药物，痛苦地戒瘾，也许十二步骤疗法①很适合。

当然，无论你采取什么行动，我都鼓励你和朋友、家人多多沟通，至少把你的情况说给那些真正关心你、可以看清你处境的人听。（有时，找到同时符合这两个条件的人相当困难！）如果你最好的朋友也未必帮得上忙，那么你需要一个和你的生活有一定

---

① 十二步骤疗法：源于 20 世纪 30 年代的一个国际互助计划，支持从物质成瘾、行为成瘾和强迫行为中康复，常用于人格障碍治疗与成瘾行为的戒除，具体分为十二个步骤，故有此称。

距离的旁观者来帮你厘清下一阶段的人生旅程，如心理医生或其他类型的援助者都可以扮演这个旁观者的角色，帮你重返正确的人生轨道。

创造属于自己的新世界

我优秀的同事、导师、精神分析学家弗兰克·拉赫曼曾经跟我分享过一个特别的可视化练习，我现在分享给你们。每当我觉得我对他人过于迁就，或者失去了对我是谁和我想要什么的清晰认知的时候，我都会做这个练习。根据我的经验，它可以应用在生活中的很多方面，在应对煤气灯操控第三阶段的疲惫和困惑时尤其有效。

谁有资格进入你的世界？

（1）想象一下，你住在一栋美丽的房子里，周围是一圈高高的栅栏。花点时间来勾勒一下这栋房子——它的布景、房间、家具等。再想象一下栅栏是用什么材质做的、有多高。我希望你把这圈栅栏想象得格外牢固，牢固到没有人可以破坏它。

（2）现在，请为这圈栅栏选择一个开口，也就是那些受欢迎的客人可以自由出入的大门或入口。请注意，你是唯一的看门人，你对谁可以进入、谁不能进入有着绝对的控制权。你可以邀请任何人进来，也可以把任何人拒之门外，不需要任何理由。花点时间来感受一下这种决定权。此时，你允许进入的和希望排除在外的人可能都会浮现在你的脑海里，好好感受你作为看门人所拥有的绝对力量。

（3）现在，想象一下你已经做出决定：只有带着善意与你交流、尊重你的感受的人才能进门。如果有人进了门以后侮辱你、挑战你对现实的认知，他必须离开，而且不能再回来，除非他决定要好好对待你。（你也许受够了那些一会儿对你爱搭不理一会儿又对你百般尊重的人，所以无论他们现在对你有多好，还是不让他们进门比较安全。）

（4）至少再花15分钟时间继续想象你的房子、院墙和大门。给自己足够的时间看清谁想要进来，而你又希望谁能进来。想象一下如果你做好了"是"或"否"的决定，会有什么事情发生。看看你接受或拒绝的人会有什么样的反应，再想象一下你会如何回应他们的反应。

（5）结束后，如果你愿意，可以花几分钟时间写下你从这段经历里学到的东西，或者找位朋友聊一聊。请记住，你可以把这间带栅栏的房子当成庇护所，任何时候你有需要，它都能为你提供帮助。

现在，你已经知道让你困在煤气灯探戈的原因是什么了，也看到了从煤气灯操控的三个阶段脱离有多难。是时候关掉煤气灯了！在下一章，我将告诉你该怎么做。

第 6 章

关掉煤气灯

在凯蒂和我的共同努力下，她开始探索关掉煤气灯的各种方法。一开始，她对改善自己和布莱恩之间的关系非常有信心。但后来她发现，为了证明自己善良忠诚，没有调情，她做了很多的努力，而这些努力非但没有奏效，反而导致布莱恩加大了煤气灯操控的力度，凯蒂遭遇了更加频繁的情感末日、变本加厉的吼叫和侮辱。面对这些反应，她感到既惶恐又挫败，所以时常想放弃。

凯蒂需要明白：一个人只有真正下定决心采取行动，才有可能关掉煤气灯。所以，在开始之前，你必须想好，如果遇到来自煤气灯操控者或自己的阻碍该怎么办。只有当你有了要摆脱这段关系的想法，才有可能做出改变，即使最后并不需要你真正离开。关键在于你要接受一个事实，也就是你和煤气灯操控者是两个不同的个体，你们都可以有自己的想法，所以，你既不需要相信他对你的负面评价，也不需要说服他来肯定你的价值。如果你的煤气灯操控者因为你有自己的想法而一直绞尽脑汁地想要惩罚你，那么你必须有自愿离开他的魄力才行。除非他清楚地意识到你确实想跟他分开了，否则他永远不可能改变自己的行为。

所以，本章我将分享一个能够调动自己、做好行动准备的六步计划，以及五种关掉煤气灯的方法。

关掉煤气灯：六步计划

① 明确问题。

② 学会自我关怀。

③ 允许自己做出牺牲或让步。

④ 直面自己的真实情感。

⑤ 给予自己力量。

⑥ 先跨出一小步，改善生活现状，然后循序渐进。

下定决心，关掉煤气灯

我们再进一步分析一下我刚才说的话：只有当你下定决心要摆脱这段关系的时候，你才有可能改变煤气灯操控。这一点太重要了，我再说一遍：你得愿意离开才行。

当前，你可能会发现很多时候自己并没有处在"非离开不可"的情形当中。有时，煤气灯操控是不知不觉地出现在一段关系中的，有些甚至可以从根源上杜绝。有时，对方只有在极度缺乏安全感的时候才会对你进行煤气灯操控，你只要拒绝参与，避免扣动"煤气灯扳机"——那些能够触发你或对方开始跳起煤气灯探戈的关键词、举动或情景，就可以解决问题。如果对方愿意承认问题的存在，你们只需要找一位好的情感咨询师就能够解决。又或者，你的新认知便足以帮你改变你们的相处模式。也有的时候，面对某些类型的煤气灯操控者，只要减少接触就好，不需要断绝来往。在第 7 章里，我会教你判断离开是不是正确的选择。但如果你根本不愿意离开，就不可能成功关掉煤气灯。

为什么不可能呢？因为就像凯蒂那样，你一定也会遇到这样的情况：一切好像进展得还不错，但你的煤气灯操控者又回到了以前的样子，开始故技重施。人性就是如此，谁也不会一下子就彻底改变。不仅如此，对方还有可能会加大煤气灯操控的力度，更频繁地表现情感末日：从大声讲话到咆哮怒吼，从偶尔挑剔到持续批判，从不时的冷暴力到长达数日的冷战。在这个过程中，他可能会竭尽全力让你回到以前被操控的状态。

而且，很难做出改变的可能不仅仅是他，你也会对这种新的相处模式产生怀疑。你可能会被趋同心理打败，或者因为太渴望获得煤气灯操控者的认可而中途放弃。又或者你会不由自主地选择忘掉那些不开心的时光，只记住那些美好的瞬间。这些都是人性使然。我们大多数人都很难改变，就算改变也不会一蹴而就。

所以，有什么可以帮你抵抗那些试图阻止一切改变的顽固力量呢？在你和你的煤气灯操控者都强烈地觉得一切"应该"跟过去一样的情况下，有什么能促使你做出改变呢？

唯一能帮你改变这段关系的，是你坚持过自己想要的生活、彻底摆脱煤气灯操控的决心。为了实现这个愿望，你必须愿意做任何事情，哪怕是离开你一生的挚爱、最好的朋友、完美的工作。你必须接受双方都有各自的想法这个事实，做到既不向他的观点妥协，也不逼迫他认同你的观点。你和你的煤气灯操控者都应该知道，如果在一段关系里你得不到应有的尊重，反而还会因为拥有自己的观点而遭受惩罚，那你绝对不会继续忍耐，你一定会离开。

再强调一遍，现实里你并不一定要真正离开。但是，如果你完全排斥离开的念头，那么面前这条充满挑战性的道路，你根本寸步难行。

关掉煤气灯：你是否愿意结束这段关系？

如果你难以抉择，那么：

- 想象一下如果继续待在这段关系中，下周你会是什么样子。关于自己的细节，想象得越多越好。比如穿什么衣服？脸上是什么表情？煤气灯操控者的脸上是什么表情？他会说什么？听他说话的时候，你有什么感受？

- 继续想象一下明年的场景。同样地，细节越多越好。比如你的生活是什么样子？你在哪里工作？让你感到开心的是什么？你和煤气灯操控者在一起的时候，会聊什么？你们各自是什么状态？在想象你们两个的样子时，你有什么感受？

- 接着想象一下三年后的情景。依旧是细节越多越好。比如你们的关系怎么样？你的生活是什么样子？思考一下，这是你想要的生活吗？

> - 现在，问问你自己，这段关系有多大可能性带给你想要的未来？问问自己，如果你们的关系像现在这样继续下去，你的未来会是什么样子？再问问自己，为了继续留在这段关系里，你愿意做出怎样的牺牲？而为了得到自己想要的生活，你又愿意做出怎样的牺牲？

　　还有几点，我希望你也要清楚。首先，在你看完我前面提到的六步计划后，要知道这段旅程中有很多不同的道路可以选择，你完全可以按照适合自己的顺序来尝试。在我看来，按我提供的步骤循序渐进会很有效，但如果跳到后面的某个步骤也能让你真正行动起来，那也未尝不可，那或许是更适合你的选择。你甚至可以在同一时间完成几个不同的步骤。

　　你还要知道，开启六步计划以后不会让你立刻就感觉轻松。就像凯蒂那样，你可能会经历惊慌、孤独或难过的感觉。凯蒂刚开始抵抗布莱恩的操控行为时，会突然在半夜惊醒，感觉心跳加速、胃部紧张，满脑子都在想如果和他分手了自己该有多寂寞；工作的时候，一想到自己在遇见布莱恩之前是多么孤单，两人刚开始交往的几个星期又是多么开心，就突然想放声大哭；她还会想起布莱恩见到她时喜笑颜开的样子，或是那次他给她做脚底按摩的画面，然后不禁开始想象如果没有他，自己的生活要怎么过；又或者她想到布莱恩有一次指责她跟别人调情时，她咬紧了牙关，比以往任何时候都要愤怒。

　　一段时间之后，凯蒂会开始思考她有多么痛恨布莱恩，因为他总是对她进行各种指责。她会想到自己有多么讨厌和他争个没完没了；每次他对她大吼大叫的时候，她有多么痛苦；她还会想到自己勇敢面对他时，她的心情是多么畅快，那时她明确表达了自己的想法：希望得到最起码的尊重，不希望因为自己拥有独立的观点而受到惩罚。虽然她还是会时不时地感到焦虑、悲伤和寂寞，但她更坚定自己的选择了。

　　但是，在你渐渐看到事态有所好转的过程中，可能也会产生愤怒和绝望的情绪，甚至你可能都未曾察觉。你可能变得喜怒无常、难以捉摸——前一秒钟还异常兴奋，后一秒钟又沮丧万分。放心吧，这些都是人们做出改变时的正常反应，所以尽量不要太把这些感觉当回事儿。坦然接受，然后这些情绪很快就会过去。如果遇到了兴奋、狂喜、仿佛置身世界之巅的时刻，那就尽情享受那些美妙的感觉吧，因为它们同样也会转瞬即逝。总之，不管是好的情绪，还是坏的情绪，都需要一段时间才能逐渐平稳下来，所以在那之前，请保持耐心，坚持下去。

　　我还希望你能知道，改变自己是一项了不起的成就，它将为你的余生带来可观的回报。无论你是否能够挽救当下这段关系，你所做的改变都能帮你获得一份健康、幸福、理想的感情，不管是跟眼前的这位煤气灯操控者，还是跟其他人。你可能还会惊讶地发现，你生命中的一切都开始发生变化——当你努力在生活中的其他方面关掉煤气灯的时候，你和同事、朋友、伴侣、家人以及整个世界的关系都得到了改善。所以，即使你痛惜因为放弃某些东西而导致的损失，也请记得庆祝或者至少感激你在这个过程中收获的东西。

最后，我希望你明白，关掉煤气灯，或者调动自己去关掉煤气灯，可能是个漫长的过程。你也许会在几天之内就取得神奇的进步，也许连续几个星期都看不到任何起色。你也可能在感觉到一些进步之后，又重蹈覆辙，感觉一切都前功尽弃。在这个过程中，你有很大可能会遇到低谷期和发展期——时而觉得你们又退回了原点，时而又感觉成功近在咫尺。无论哪种情形，都要努力做到心平气和，对自己宽容一些，同时与你爱戴和信任的人保持密切联系。只要你足够坚定，最后就一定会取得成功。

坚定决心的小妙招

- 坚持每天和信任的亲友至少聊一次天，或者每周至少和心理医生聊一次，以保持你的自我认知。
- 写下你和煤气灯操控者最近的三次对话，想一想以后再遇到这样的情形时你希望自己如何处理，然后修改、调整你的回应方式。
- 回忆最近一次你感到开心的情形。用文字描述，或者把它画出来，再或者寻找一幅能唤起那个开心瞬间的图片，把它贴在你每天都看得到的地方，提醒自己希望过怎样的全新生活。

关掉煤气灯：六步计划

① 明确问题。

② 学会自我关怀。

③ 允许自己做出牺牲或让步。

④ 直面自己的真实情感。

⑤ 给予自己力量。

⑥ 先跨出一小步，改善生活现状，然后循序渐进。

动员自己关掉煤气灯：六步计划

以下是动员自己关掉煤气灯的六个步骤。你可以按我这里给出的顺序进行，也可以选择其他对你来说更有效的顺序。重点在于你要行动起来。

1. 明确问题

像我们前面看到的，要解释清楚问题到底出在哪里，哪怕是对我们自己，往往很困难，尤其是在遇到"好人型"或"魅力型"煤气灯操控者的时候。我的辅导对象奥利维娅，也就是那个在百货商店工作、丈夫是"魅力型"操控者的采购员，她曾经跟我分享过一段发生在她和一位朋友之间的对话："他给你送了礼物，你不喜欢？"那位朋友用难以置信的口吻说道，"你想去洗个澡休息，他却跑来给你按摩？你竟然因为这些不开心？亲爱的，你怎么想的，你是脑子进水了吗？"她觉得这个朋友莫名其妙，跟她聊完以后更加沮丧。

奥利维娅越想努力把问题说清楚，表达得越含混不清，说话也开始结巴。在她看来，马丁送给她的礼物——镶褶边的女式衬衫、宽松的睡袍、性感的内衣，都是给他心中的"梦幻情人"准备的，而不是用心给自己的，因为她平时只穿定制的西装和风格简单的内衣裤，而且她喜欢裸睡。还有，马丁的那些"招牌按摩"总让人感觉像是一场大型表演，根本不能让她真正放松。

如我们所见，奥利维娅因为自己没有感恩丈夫的浪漫举动而倍感内疚。我们一开始把大量时间花在了搞清楚为什么马丁的礼物没有让她感觉被疼爱、被珍惜，反而觉得疲惫又沮丧。"我想，有些人就是不太擅长送礼物吧！"奥利维娅这么跟我说。

"那你告诉他你对那些礼物和浪漫举动的真实感受了吗？"我问。

"嗯，算是说了吧！我告诉他我不想要按摩，只想和他依偎在沙发上看电视。但他听了这话很惊讶，看起来很受伤……我觉得我太扫他的兴了。"

"你因为自己没能感激他想为你做的那些事，所以觉得让他扫兴了？"

"嗯，是的。"

"奥利维娅，按摩是为了让他感觉好，还是让你感觉好呢？"我这样问她。

她用难以置信的眼神看着我。很显然，她从来没有考虑过这个问题。但是最后，奥利维娅终于意识到问题的根源：我的丈夫虽然为我做了很多看起来很贴心的事，但那些事和真实的我没有多大关系。很多时候我都觉得他做那些事、送那些礼物，更多的是为了满足自己的感觉，而不是为了让我开心。更糟糕的是，每次我都因为自己不喜欢他送的礼物而怀疑自己有问题。

确认问题以后，奥利维娅松了一口气，这是她之前没有预料到的。她终于明白了为什么自己总觉得和丈夫有距离，一直感觉不到满足。她终于可以冷静地描述她所处的情形，不再简单地用"坏"或"好"来形容丈夫，她开始关注她觉得有问题的地方。

当你知道了问题所在，我建议你进一步确认你们相处时各自有什么行为表现。对奥利维娅来说，这个过程是这样的。

　　他作为操控者的行为：送我各种不适合我的礼物，然后指望我对他心怀感激。

　　我作为被操控者的反应：因为不喜欢这些礼物而怀疑自己有问题，感到孤单、不被理解。

帮你明确问题的更多参考案例

- 我丈夫经常挑我的毛病，这让我感觉很痛苦。我以前常和他吵，现在觉得不值得。我不喜欢听他那些没完没了的负面评价，我也不喜欢整天愁眉苦脸的。

  他作为操控者的行为：羞辱我。

  我作为被操控者的反应：以前和他吵个没完；现在接受现状，但是很痛苦。

  *   *   *

- 我经常和一位朋友卷入冗长、反复的争论，但从来都解决不了什么问题。我总是质疑自己作为她的朋友为什么不能更好一些。我厌倦了这种糟糕的感觉。其他朋友都不会让我有这种感觉！

  她作为操控者的行为：指责我是个差劲的朋友。

  我作为被操控者的反应：和她争论，希望她改变想法，这样我就不是她口中那个"差劲的朋友"了。

  *   *   *

- 领导看起来好像很喜欢我，但我能意识到工作上有些事情很可疑。她从不邀请我参加以前我经常参加的那些高层会议，还阻断了我和公司重要客户群接触的机会。她一再强调我们之间没有问题，但我知道她在撒谎。我不喜欢那种被蒙在鼓里、不知道周围发生了什么的感觉。

她作为操控者的行为：把我踢出决策层，找各种借口搪塞我。

我作为被操控者的反应：表面上选择了相信她（或试图让自己相信她）。

* * *

- 我母亲太擅长让我背上负罪感。我真希望哪天我能让她肯定我一次。但是，我很讨厌自己有这样的想法。这让我觉得自己是那么卑微、愚蠢，好像我甚至都愿意从地上爬过去，只为听她说一句"你是个好孩子"。

她作为操控者的行为：摆出一副我做了错事的样子。

我作为被操控者的反应：为了证明自己没有做错事，更努力地争取她的肯定。

2. 学会自我关怀

遭受情感虐待之后，最可怕、足以摧毁人心的就是认为自己活该的想法。而且，我们越想表现得更有责任感，越能在这个过程中意识到，自己在一定程度上其实参与了这种自己想要挣脱的糟糕的相处模式，我们就越会产生自作自受、咎由自取的想法。毕竟，一个巴掌拍不响。我们要么和煤气灯操控者争个没完，要么屈从于他，要么向他传递我们根本不在乎的讯息。我们想方设法控制局面，努力妥协以求得内心的安全感。所以，其实我们跟对方一样都有错，不管遭遇什么，我们都是自找的，不是吗？

完全不是！这个步骤不是让你进行自我批评，背上负罪感或者为自己的过失买单。你唯一的目标就是改善自己的处境。要实现这一点，你必须知道自己也是问题的部分诱因，知道可以做些什么去改变这种局面。但是，这一定不是让你认为自己"活该"遭受这样的待遇，或者这件事一定意义上都"怪"你。

如果你看到一个小女孩不断尝试说服一个满脸怒气、性格孤僻或虚情假意的成年人和她一起玩，你会有什么反应？如果她一次次地回到这个完全不接纳她的人身边，每次都尝试一些新方法来吸引他的关注，你会怎么想？如果前几次她的努力失败之后，她开始发脾气、摔砸东西，或者说很难听的话，你会给她什么建议？你又会以怎样的态度给出这些建议呢？除此之外，你还想跟她说什么？

我想，你会用同情的眼光看待这个小女孩，甚至会劝她不要再回到那个对她不屑一顾的成年人身边。你可能会劝她不要这么做，但你也明白她在那个糟糕的境遇里已经竭尽全力做到自己"最好"的处理了，即便她的"最好"现在对她来说并不好。

我由衷地希望你用对待那个小女孩，或对任何朋友或家人的同情心来对待自己，多感受爱，多进行自我赞赏，即使你还没有弄清楚你是谁、你做了什么。有时候，对自己表露同情心反而是最难的行为。但就我的经验而言，那往往是改变真正开始的时候。

3. 允许自己做出牺牲或让步

有一点必须要说一下：脱离煤气灯操控关系可能会让你失去

一些东西。所以，愿意离开（尽管最后你未必需要真正离开）通常意味着面临巨大的损失。

我的来访者常常会对我说："我再也遇不到像他那样的男人了。""我再也不可能和一个让我这么惊喜、跟我这么同频、这么性感又完美的灵魂伴侣在一起了。"

或者，"我再也找不到这么好的工作了。再也没有一个岗位，能跟我的才华、能力、目标和梦想如此契合"。

或者，"我再也不会有这样的朋友了，她是那么了解我，和我共同经历了那么多风风雨雨"。

又或者，"如果不让我跟母亲、父亲、姐妹、兄弟、婶婶、叔叔、表兄弟姐妹说话，我简直无法想象我的家庭生活会变成什么样子。感恩节的晚餐会有多么凄凉？谁会来或者不来参加我的生日会？我怎么能让我的孩子失去一位亲戚呢？"

正如我们在上一章里所说的，你也许夸大了你的损失。迈出第一步以后，你很有可能遇到新伴侣、找到新工作、交到新朋友，重获之前煤气灯操控者带给你的那种快乐，甚至有更好的体验。你所说的无法想象的那种家庭问题也会迎刃而解，比现在的局面要让人满意得多。等到那时，你也许会发现，你在乎的东西变了，或者你已经完全有能力通过更好的方式得到自己梦寐以求的东西。

与此同时，你说的也有可能是对的：放弃煤气灯操控关系真的会失去一些你再也无法拥有的东西。

但问题是，未来究竟会怎样，你并不能百分百地确定。你唯一能确定的是，现在所处的这段关系正在消磨你的意志，把你生活中的快乐一点点地榨干。为了维持这段关系，你可能已经在工作、朋友、伴侣、家人等很多方面做出了巨大的妥协。你或许已经放弃了自己的一些希望和梦想。我基本上可以肯定地说，如果你什么都不做，这段关系永远不可能有任何好转。改变的唯一希望在于你是否愿意迈出第一步。诚然，如果你开始有所行动，你可能会失去一些重要的东西。

那么，做那些改变还值得吗？你没办法提前知道事情会怎样发展，你会冒怎样的风险，你又会得到些什么。归根结底一句话：你是否愿意孤注一掷、放手一搏？

能回答这个问题的，只有你自己。为了改变现状，你是否愿意在明知有风险的情况下采取行动？

我永远不会忘记曾经一位来访者最终决定脱离她所处的煤气灯操控关系时跟我说的理由，她告诉我：“我不知道接下来会怎样，我只是不想再这么辛苦地挣扎了。”有时候，知道这一点就已经足够了。

几个助力你放手一搏的问题

- 我今天有没有做过让自己感觉良好的决定？如果有，是什么？
- 我今天有没有做过让自己感觉糟糕的决定？如果有，是什么？
- 我是不是过着和自己的价值理念一致的生活？

- 如果不是，我必须做出什么样的改变，才能让我的生活和我的观念保持一致？
- 我想象中自己能过上的最理想的生活是什么样子的？
- 我必须怎样做才能过上那种生活？

4. 直面自己的真实情感

通常，为了继续待在煤气灯操控关系里，我们会断开和自己真实情感的连接。为了关掉煤气灯，我们必须敞开心扉，直面自己的情绪。

你可以尝试以下练习，重新和自己的真实情感建立连接。

情感唤醒：手边准备好纸笔。用你喜欢的任何形式记下这些问题的答案，比如完整的句子、简短的关键词，或者任何对你有用的形式。你也可以用画画或图解的方式来回答问题。

① 回想一起最近对你造成情感冲击的事件。它可以是亲人生病这样的大事，也可以是和银行柜员发生分歧这样的小事。描述一下这件事。
② 你对此有什么感觉？
③ 你有什么想法？
④ 你是怎么做的？

下面是凯蒂第一次尝试这个练习时给出的答案：

① 我去街角的杂货店买咖啡，怎么也找不到合适的零钱。售货员直瞪着我，好像很生气的样子。最后他说："麻烦靠边站一点儿，别挡着后面排队的人。"

② 我感觉很糟糕，觉得自己蠢死了。我明明能找到合适的零钱。

③ 我想我自己反应太慢、太迟钝了。

④ 我朝售货员笑了笑，告诉他我很抱歉。

凯蒂拿着这份练习的答案给我看，在我的帮助下，她逐渐意识到自己并没有用情绪词来描述她的感受。"我觉得自己蠢死了"并不是一种情绪，而是一个想法。凯蒂认为，没有很快找到合适的零钱说明她是个愚蠢的人。而"我明明能找到合适的零钱"也是一个想法，表达了她应该做某事但实际上没做到的事实。我让凯蒂又做了一遍第二题，删除描述想法的词，用情绪词来形容她的感受，比如悲伤、愤怒、沮丧、心烦意乱、担忧、焦虑、害怕、羞愧、自豪、激动、开心等。

"我想我会觉得羞愧吧！"凯蒂告诉我。然后她摇了摇头，问道："这不是很傻吗？我为什么要为这种事感到羞愧？"直面自己的真实情感之后，凯蒂才有了机会好好感受自己的情绪，然后慢慢把这件事放下。但是，如果凯蒂迟迟没有意识到这种羞愧的情绪，她可能会在很长一段时间内都带着这种感觉，而自己却全然不知。

后来，我又让凯蒂完整地做了一遍这个练习。第二次她给出的回答是这样的。

① 布莱恩对我很生气，因为有位男士在我们回家的路上冲我微笑。他对我大吼大叫。我说："你又这样。"他吼得更大声了。于是我走进卧室，把门关上，不再和他理论。

② 他冲我大吼的时候我很害怕，但我走开的时候为自己感到自豪。与此同时，我还有些羞愧。

③ 我认为他不应该冲我吼。我认为我不应该走开，但是我也认为当时我不得不走开。

④ 我待在卧室，直到他吼完才走出来开始做晚饭。

凯蒂开始迷上了这个练习，因为她看到自己对同一件事竟然有那么多不同的感受和想法。"我之前都没意识到我会因为自己而产生自豪的情绪，"她大方地承认，"那感觉很棒。"

隐藏真实情感的证据

- 你感到麻木、枯燥、冷漠、无聊。
- 你不再享受以前曾带给你快乐的东西。
- 你觉得自己已经丧失欲望了。你不享受性爱，再有魅力的人也激不起你的兴趣，哪怕是一丁点。

- 每个月总有那么几次，甚至更频繁，你会经历一些身体不适，比如偏头疼、肠胃不适、背痛、反复感冒和流感，或者其他问题。
- 你会做一些令人不安的梦。
- 面对一些无关紧要的小事时，你会有强烈的情绪表现，比如一边看电视广告一边大哭，或者在商店里买东西时对售货员发火。
- 你的饮食规律发生变化。你开始不加节制地暴饮暴食，或者吃你根本不喜欢的东西。
- 你的睡眠作息发生变化。你开始睡不够，或者很难入睡，或者两者皆有。
- 莫名其妙地，你会感到紧张、焦虑。
- 莫名其妙地，你会感到疲惫不堪。

5. 给予自己力量

一段煤气灯操控关系经常会让我们感到绝望、无助，仿佛我们什么也做不好。开始认清并发挥自己的优势是做出改变的关键。

吉尔，也就是和新领导已经进入煤气灯操控关系第三阶段的那位充满抱负的记者，她发觉这个步骤对她特别有帮助。你肯定记得我在上一章里提过，吉尔无法通过自己的工作表现和才能获得新领导的认可，因此她感到非常丢脸。"我以为自己是个香饽饽，但现在看来我一文不值"，或者"如果我不能胜任这份工作，那我什么都不是"。她不断地重复这样的话。由于太渴望获得新领导的认可，她把自我认知的掌控权全部交给了他。如果领导说她表现好，她就表现好；如果领导说她无能，她就无能。对方的地位举足轻重，吉尔怎么能轻易挑战这段关系呢？

在我们的共同努力下，吉尔开始寻找她在其他方面的能力和长处，而这些能力跟她的工作本身没有本质联系。我先让吉尔写出她的优点，但她坚持说自己没有优点，或者没有什么值得提的优点，我让她至少采访三位朋友，让每位朋友至少列出她的五个优点。

吉尔再来见我的时候拿出一张写满了她优点的清单，她忍不住哭了起来。那些过去积压在心底的、因为领导对她长期而漫长的认知摧毁而引发的悲伤情绪，一瞬间全部涌上心头，她不禁为自己任由他牵着鼻子走而感到懊悔。得知别人对自己有不同的看法之后，吉尔终于找回了正确的自我认知。

知道自己拥有很多显而易见的优点，也让吉尔获得了接受缺点的勇气。"之前，我感觉自己是一个特别差劲的记者。我需要我的领导，需要他来主宰一切，"吉尔后来说道，"那种感觉就好像我什么都不是，只有他能让我实现自己的价值。但当我意识到我也并不是一无是处时，我就不再那么需要他了。然后我终于可以思考我们的关系有什么问题了。在那之前，我完全做不到这样。"

给予自己力量的几种方式

- 列出你的优点。

- 质疑那些自我批评、自我否定的想法，比如"我一无是处"
  或"我永远也不会开心"。

- 做一些让你觉得自己很有能力的事。

- 避开对你持有负面意见、消耗你精力的人。

- 接触看得到你的优点并全力支持你的人。

- 利用你的优势来应对生活中的各种挑战。

6. 先跨出一小步，改善生活现状，然后循序渐进

行动起来让自己重获力量的感觉很神奇。任何行动，只要能改善你的生活状态，再小都没关系。即使你的行动似乎跟你所处的这段关系没什么关联，它也可以帮你调动自己，积极地关掉煤气灯。

例如，我有一位来访者在公关公司就职，她经常收到客户的邀请，去参加一些公司主办的社交活动，比如画廊开业、戏剧表演、鸡尾酒会、电影首映等。客户也都会邀请她的丈夫，但他每次都不想去，也不想让她去。在他看来，晚上就应该是夫妻在家享受二人世界的时间。

对这位来访者来说，接受客户的一次邀请，就是她在用行动

改善生活的道路上跨出的很小但非常有意义的一步。她很享受那次活动，尽管丈夫指责她自私、只关心自己的事业，但活动带给她的快乐让她觉得这一切都很值得。她没有直接对抗他的煤气灯操控行为，也没有思考要如何改善这段关系，但她已经找到了改变自己的方式。

我的另一位来访者报名参加了一个人体素描班。她喜欢画画，但平时一想到要画裸体就很有压力，这个素描班似乎是她培养绘画能力的好机会。她没有把报班的事情告诉丈夫，几个星期以后，等他自己发现了，他也没有显得特别在意。但是，值得注意的是，她从这个行动中获得的力量将成为她今后应对丈夫煤气灯操控行为的强大武器。

关掉煤气灯很困难的一部分原因在于，你在被煤气灯操控长达几个星期、几个月甚至几年以后，已经不再像刚拥有这段关系的时候那么坚强。所以，重新找回原来的自己，给自己行动的机会，是调动自己关掉煤气灯的最有效方式。

关掉煤气灯

好，现在你是不是已经被调动起来了呢？那么，是时候关掉煤气灯了！下面是个基础方案，提供了五个小技巧，可以帮助你改变和煤气灯操控者的关系。你不需要同时做到这五条，也不需要遵循特定的顺序。你甚至不需要每条都尝试。从你觉得最有道理的那一条开始，试试看会发生什么。

关掉煤气灯的五种方式

① 分清事实和曲解。

② 判断两人的对话是否涉及权力的争夺，如果是，就退出。

③ 识别你们各自触发煤气灯操控的言行。

④ 关注你的感受，而不是对和错。

⑤ 切记，你无法控制任何人的意见，即使你说的是对的！

1. 分清事实和曲解

煤气灯操控者经常会把他们加工处理过的"事实"告诉我们，这时我们往往就不知所措了。他给出的描述中只要夹杂一丁点事实，便足以让我们相信他所有的话都是真的。因此，分清事实和曲解是帮你关掉煤气灯的第一步。

这个方法对莉兹尤其有用。莉兹那位撒谎成性的领导总想阻挠她的事业发展。无论她提出什么质疑，他都能给出看似合理的解释搪塞过去。如果她问为什么有位客户收到通知说莉兹不愿意再跟他合作了，领导就坚持说那位客户在撒谎。如果莉兹拿出那份通知的复印件，质问是谁发送的，领导就会绕到办公室人员改组的问题上，或者责怪莉兹部门的某位员工发错了通知，又或者只是耸耸肩，装出一脸困惑。每次他都表现得温和友好、大方镇定，所以莉兹在他身上看不到任何伪装的迹象——没有大吼大叫，没有侮辱的言辞，没有明显的让人不快的冲突，只有莉兹自己变得越来越失落、沮丧。而且因为公司里的其他人似乎都很买他的账，莉兹每次跟他接触以后，都只会越来越失去理智：他总是一副泰然自若的样子，而她却歇斯底里，莉兹感觉更崩溃了。

当莉兹开始尝试分清事实和曲解的时候，事情渐渐有了转机。她发现，强制自己保持冷静、诚实地看待事实，而不是只看领导的指控或自己的辩解，很大程度上帮她厘清了思绪。她曾经跟我描述："那种感觉就好像我被吊在天花板上，俯瞰眼下的局面，然后我问自己'莉兹，你怎么想？'。接着，我几乎马上就能感觉到我和我的整个世界又翻转过来了。"

莉兹领导的原话	莉兹之前的想法	莉兹分清事实和曲解之后的想法
"没有问题。"	"哦，天哪，那为什么我觉得有问题呢？"	"好吧，我知道肯定有问题。发生太多匪夷所思的事情了。不管是什么原因，他一定没说实话。"
"我多希望你可以信任我。"	"我不信任他，但我希望我可以信任他。要是能解决这一切问题就好了……"	"歪曲事实的人，我不会相信。"
"如果你能稍微灵活一点儿，也许我们就会配合得更默契一些。"	"他为什么要批评我？他为什么看不到我有多努力，看不到我有多辛苦？"	"问题不在于我不够变通，而是他在刻意破坏我的前途，然后还撒谎否认。"

当然，如果莉兹的领导是个值得信赖、乐于助人的人，可能也会对她说这样的话。在这种情况下，这些话既是事实，也充满

了诚意。但现实的情况是莉兹的领导明显在对她进行控制。有时你不能只看当下的用词，你甚至不能相信一个人的语调、肢体语言和整体情绪。有时，你必须追问自己心底的真实想法，并且跟着这种想法走。如果事实证明你是错的，那就大方地承认，并积极改正。如果你是对的，那就肯定一下自己，然后继续往前走。无论如何，你的出发点必须是你对事实的坚定认知，而不是你的煤气灯操控者的认知。如果你把他理想化，总认为他说什么都是对的，你就很容易接受他对事实的描述，而忘掉自己的认知。千万别这么做，否则你会身不由己地跟他跳起煤气灯探戈。

2. 判断两人的对话是否涉及权力的争夺，如果是，就退出

煤气灯操控之所以如此阴险，部分原因在于你不会每次都能意识到对话的背后实际意味着什么。我们再来看看关于凯蒂有没有跟别人调情这件事，她和布莱恩是怎样争吵的。到底发生了什么？

> 布莱恩：你注意到今天晚上一直看你的那个人了吗？他以为他是谁啊？
>
> 凯蒂：布莱恩，我相信他没有恶意，他只是表示友好罢了。
>
> 布莱恩：哎，你还是那么天真！我还以为过了那么久，你终于看透了。凯蒂，他可不是"表示友好罢了"，他那是在吸引你的注意，想趁机调戏你。
>
> 凯蒂：他真的没有。他戴着结婚戒指呢。

布莱恩：呵呵，戴上戒指就不会招惹别的异性了吗？再说，你为什么会观察他，还能注意到他有没有戴戒指？你肯定也对他有兴趣。

凯蒂：我当然对他没兴趣，我已经跟你在一起了啊！

布莱恩：那个人当着我的面跟你调情就够糟糕的了，关键是你还盯着他看。你就不能趁我不在的时候再更换目标吗？

凯蒂：布莱恩，我真的没想找人取代你。我想和你在一起，我选择了你。拜托，拜托，请你相信我，我爱你，我绝对不会背叛你。

布莱恩：最起码你应该跟我说实话。

凯蒂：我说的是实话啊！你难道看不出来我多在乎你吗？

布莱恩：如果你真的那么在乎我，那就承认你刚刚有在观察那个家伙。请你跟我实话实说，看了就是看了。

凯蒂：但我真的没有！你怎么能这样诬蔑我呢？我那么爱你。拜托，布莱恩，请你相信我！

布莱恩：别对我撒谎，凯蒂，我最受不了别人骗我。

（就这样，两个人的争论持续了一个多小时，布莱恩越来越愤怒，非要证明他是对的；凯蒂则越来越迫切地想要说服布莱恩相信自己。如果不能说服布莱恩，凯蒂就觉得自己是一个不合格、不忠诚的女朋友。她需要向他们两个证明：她是一个优秀、忠诚的女朋友，是一个充满爱心的人。）

深陷在煤气灯操控的泥潭里，布莱恩和凯蒂其实都没有在谈论事件本身。对布莱恩来说，他们的争吵实际上是一种能否证明自己正确的权力争夺；而对凯蒂来说，这场对话也成了一场她能否赢得布莱恩认可的权力争夺，赢了以后她就不用再担心他的指责对不对了。

那么，权力争夺和真正的对话有什么区别呢？在真正的对话里，两个人都会用心倾听对方的话，并顾及对方的感受，即使有时可能比较情绪化。下面是两个人处理争论的另一种对话模式。

他：我简直不敢相信你居然跟那个家伙调情！

她：只是友好地聊聊天而已，没有什么特别的意思！

他：看起来可不止这么简单！我该怎么说呢？

她：亲爱的，你不需要怀疑。我向你保证，你是我唯一的男朋友，你是每天和我一起回家的人，也是我唯一想要在一起的人。

他：听你这么说感觉真好，可当我看到你跟其他男人眉来眼去的时候，我简直要疯了。

她：抱歉，我没有注意到这会让你如此困扰。但是我也必须告诉你，如果因为你总担心我跟别人调情，我就不能自由地和别人聊天，我也会很痛苦的。

他：你这么说太过分了！你根本不在乎我的感受！

她：我当然在乎了。我只是更想真正解决这个问题。我们再想想，有没有什么办法让我们两个都满意。

如你所见，这段对话里也出现了不少激烈的情绪对抗，但是并没有发生煤气灯操控。两个人有着截然不同的观点，但谁也没有进行权力争夺；他们只是在说自己的感受和自己想要的东西。他描述了他见到她和别人调情时的感受，而她也表达了她如果被限制跟别人自由聊天时的感受。他们两个都没有想要努力证明自己的想法才是对的。他们只是在努力协调解决一个棘手的问题：在双方想要的东西发生冲突的情况下，怎样才能让两个人都满意。

所以，如果你和你的煤气灯操控者真心想解决问题，无论如何双方都要正面聊一下。聊上几小时，或者安排好时间多聊几次。如果这个问题对你们两个人都非常重要，你们可能会在长达几年的时间里反复说起这件事。伴侣关系并不意味着你们总要保持意见一致，事实上你们对某些事情可能永远也不会有一致的看法。但是只要你们在沟通、倾听、给予对方足够的尊重，无论情绪多么激动都不是问题（尽管有时会觉得痛苦，或者场面很吓人）。

但如果你意识到你们两个人正在进行权力争夺，你必须立即指出问题，并停止争吵。这是关掉煤气灯的第一步。否则，你还要继续跳煤气灯探戈。

下面这个权力争夺的例子是我的来访者玛丽安娜和她朋友苏之间的一段对话。两个人之间的问题很简单：玛丽安娜希望把她们见面的地点约在她家附近，而苏则倾向离自己家近一点儿的地方。但在她们的对话中，真正的问题被忽视了，取而代之的是一段煤气灯探戈。

玛丽安娜：要不下周你来市区吧。

苏：我想约在郊区这边。

玛丽安娜：那对我来说很不方便。你不能来市区吗？

苏：我们总是在你家附近见面，我不知道你有没有意识到这一点，但事实如此。

玛丽安娜：怎么会呢？

苏：我们最近七次见面，有五次都在你家附近。说实话，我真的够了。玛丽安娜，这让我觉得你完全不理会我的感受。我觉得你肯定以为自己是全宇宙的中心吧，别人都得围着你转。这很伤人。

玛丽安娜：我没想伤害你！你怎么能这么说我呢？

苏：我不知道我还能怎么想。你好像只看得到自己工作时间长、自己辛苦，所以就想让所有人都来迎合你。但你要知道，我也有自己的生活。还是说，你根本就不在乎？

玛丽安娜：我当然在乎你。我很开心有你这么好的朋友，请别生我的气。你想的话，那我们就在郊区见面好了。

苏：我真的很讨厌逼你这么做。我觉得你又自私又强势。你给了我我想要的东西，但你一定会让我付出代价。不管怎样我都占不了上风。不管发生什么，你都在控制着我。

玛丽安娜：拜托你别这么想，我们的友情对我来说很重要。我受不了听你说这样的话。

苏：你这么自私地对我，还指望我怎么想？我觉得我在意的东西对你来说都无关紧要。也许我们还是暂时不要见面比较好。

玛丽安娜：拜托你别这么说，我怎么做才能让你觉得好一些？

如果发生……，这是一场权力争夺

- 你们的对话中充斥着侮辱的言辞。
- 你总是翻来覆去说同样的话。
- 你们当中的一方或双方都说跑题了。
- 你们之前已经有过多次类似的争论，但一直没什么结果。
- 无论你说什么，对方总是给出同样的回应。
- 你觉得好像每次都是对方说了算。

很显然，不管是苏还是玛丽安娜，都没有真正在讨论在哪里见面的问题。也许玛丽安娜决定见面地点的次数确实多了一些，是时候多照顾一下苏的感受了。换言之，苏发泄的不满也很合理。但她们两位都没有把重点放在找出真正的问题或制订切实的计划上，反倒只想看谁拥有更大的决定权。如果苏更强势，她就能让玛丽安娜改变主意，意识到自己很自私；如果玛丽安娜更强势，她就能让苏改变想法，承认她这个朋友其实还不错。

由于玛丽安娜放弃了自我认知，总是让苏来给她下定义，所以苏就自动扮演了法官和陪审团的角色，而玛丽安娜就像被告，卑微地央求一个好的裁决。于是，即便最后获胜了，这些争论也会让玛丽安娜感到脆弱和疲惫。她真正想要的是自己是一个好人、一个好朋友的内心感受，但最终都没有得到。

她只得到了苏暂时的"无罪"宣判，而下次"审讯"一开始，苏可能会立即撤回这个判决。玛丽安娜也许取得了一些暂时性的胜利——偶尔能让苏收回一些负面的话——但她从来没有获得过永久性的胜利，让苏彻底承认她是个很好的朋友。无论玛丽安娜做什么，苏总是拥有审判权。事实是玛丽安娜一直把这种权力放在苏的手里，希望苏说她是个"好人""好朋友"，从而证实她的自我认知。正因为如此，无论最后是什么样的裁决，玛丽安娜都会认同苏的看法。她希望由苏来决定她的自我价值，而不是她自己。

玛丽安娜逐渐意识到，当这样的权力争夺开始时，她不应该争论输赢，而是应该坚定地选择退出。努力赢得争论只会让她困在被审判的思维定式里，向强势的"法官"祈求仁慈的宽恕。选择退出则意味着关掉煤气灯，自己成为自己的"法官"，对自己是谁、该怎么做和自己到底"好不好"这些问题做出自己的判断。

玛丽安娜开始学着借助一些语录来让自己退出争论，比如"我想我们必须允许双方保留不同意见"，"我认为这次谈话可以到此为止了"，"我觉得你在威胁我，我不想继续聊了"。对此，苏的回应每次都不太一样。有时她会尊重玛丽安娜的意愿，改聊一些轻松愉快的话题；有时她会生气地挂断电话，随后又为自己的行为道歉。不过，无论如何，至少玛丽安娜强化了自己的力量，坚定了命运要由自己主宰的意识，而不再把决定权交给苏，避开一场自己永远无法获得胜利的权力争夺。

退出权力争夺时可用语录

- "你说得对，但我不想再继续争论了。"
- "你说得对，但我不喜欢你跟我说话的方式。"
- "没有争吵谩骂的话，我很乐意继续这场对话。"
- "现在谈论的话题让我很不舒服。我们以后再谈吧。"
- "我认为这次谈话可以到此为止了。"
- "我觉得我现在没有建设性的想法。我们下次再谈吧。"
- "我想我们必须允许双方保留不同意见。"
- "我不想再继续争论下去了。"
- "现在停止对话吧。"
- "我明白你的意思，我会考虑的，但我现在不想继续谈下去了。"
- "我真的很想继续谈下去，但除非我们能用更愉快的语气谈，否则没必要继续了。"
- "我现在的感觉很不好，我不想继续谈下去了。"
- "你可能没有意识到，你在指责我不知道什么是事实。恕我直言，我不同意你的看法。我爱你，但我不想再跟你说这个。"

- "我喜欢跟你进行密切交谈，但不是在你贬低我的时候。"

- "也许你无意贬低我，但我觉得被贬低了，我不想再继续说下去了。"

- "现在不是谈论这个的好时机。让我们再找一个合适的时间吧。"

退出权力争夺的同时可以表达愤怒的语录

- "请不要用这种语气跟我说话，我不喜欢。"

- "你对着我大吼大叫，我没办法听清你真正想说的话。"

- "你用轻蔑的语气和我说话，我没办法听出你真正想表达什么。"

- "你对着我大吼大叫，我不想跟你说话。"

- "你这轻蔑的口气，让我无话可说。"

- "现在我不想再继续争论下去了。"

- "在我看来，你就是在歪曲事实，我真的很不喜欢。等我冷静下来，我们再聊吧。"

- "也许你无意伤害我的感情，但我现在太难受了，没办法和你说话，我们晚点再说。"

3. 识别你们各自触发煤气灯操控的言行

请记住，你和你的煤气灯操控者同时在跳煤气灯探戈。很有可能，你们各有各的触发点，也就是你们各自都有引起你们跳煤气灯探戈的具体情形。如果你能识别出这些触发点，就更有可能关掉煤气灯。

让我们把话说得更明白一些：我的意思不是让你认罪，觉得是你引发了他的煤气灯操控行为，或者是他让你跳上了这段煤气灯探戈。我的意思是，你们当中的任何一个人都有可能触发这支探戈舞，而且在某些特定的情况下触发的可能性会更高。所以，在尝试这个方法的时候，不要有内疚感，也不要埋怨谁。把关注点放在如何识别触发点上，这样你距离关掉煤气灯就会更近一点儿。

识别可能触发煤气灯操控的话题或情境。煤气灯操控行为是对压力的反应。当人们感受到外在的威胁时，要么变成操控者，要么沦为被操控者。下面列举的是一些经常引发煤气灯操控行为、让人备感压力的话题和情境。问问你自己，你和操控者谈到这些话题或遇到类似情境时，你们的关系是否会受到影响。

钱

性

家人

节假日

假期

重大的人生决定：婚姻、搬家、换工作等

孩子

意见分歧

"规则"，比如"我们应邀参加晚宴时，必须带点东西"，
或者"你不能不系领带就出席正式的活动"

比如说，特蕾茜和亚伦一聊到钱的问题，就会不自觉地跳起煤气灯探戈。由于亚伦对钱很敏感、很怕陷入债务危机，每当收到账单或出现一笔意外开销时，他就会进入煤气灯操控模式。知道了这一点以后，再遇到钱的话题，特蕾茜都会格外小心，以免自己卷入煤气灯探戈，陷入关于她理财能力的反反复复又毫无意义的争论。

奥利维娅意识到，马丁通常会在涉及性的问题上开启煤气灯操控模式。只要她表现出任何拒绝的行为，他就会进行"魅力型"煤气灯操控，他会加大浪漫的力度，比如摆一堆蜡烛，放一些氛围音乐，总之要证明他真的很性感很有魅力。尽管奥利维娅不会违背自己的意愿向马丁妥协，但她会用最温和的方式表示拒绝，然后密切关注接下来可能出现的煤气灯操控行为。

我辅导的来访者桑德拉——看似拥有完美婚姻的那位——觉得家庭问题是丈夫彼得开启"好人型"煤气灯操控的导火索。一旦涉及彼得的家人或桑德拉的家人，彼得总会进入操控模式。与此同时，桑德拉每次因为孩子的问题而焦虑难安时，都会对彼得格外挑剔，而这也会触发彼得的操控行为。所以，孩子问题也是一个"雷区"。

为此，桑德拉纠结了很久，她在想，是否减少跟双方家人的会面，这段婚姻就能得到改善？经过一番思想斗争，桑德拉决定试一试。但是她不愿意减少跟自己家人见面的时间，不过她能接受自己回家而不带上彼得。

桑德拉还发现，她时不时的焦虑和挑剔的性格会让彼得缺乏安全感。如果彼得看到桑德拉很失落或者表现出任何不满，他会觉得自己很没用，因为他发自内心地认为一位好丈夫有能力在任何时候都让妻子感到满意。恰恰就是这种无力感驱使彼得开启煤气灯操控模式，以便重新获得他的权力感：如果他可以证明自己是对的，桑德拉是错的，同时她的不满足是她自己的问题，跟他没关系，他就会感觉自己更强大、更优秀。桑德拉明白自己没有错，但她的焦虑和批评确实触发了对方的煤气灯操控行为。

于是，桑德拉就这个问题和彼得进行了直接沟通。她说："我发现每当我们谈论孩子的时候，我总是变得特别焦虑，对你挑三拣四，好像你做什么都是错的。我知道你是个可以信赖的好爸爸，如果我给你造成了不好的印象，我很抱歉。今后我会尽量克制，但如果你看到我有过分焦虑的表现，我希望你能及时提醒我。"

让桑德拉惊讶的是，彼得真的按她的建议做了。虽然他的煤气灯操控行为没有完全停止，但确实明显减少了很多，反倒是桑德拉要"为难"了，因为她需要改变自己的行为。她开玩笑似的向我描述彼得第一次指出她太过担心孩子时她说的话："我现在确实应该少操心，谢谢你帮我指出来！"我能看出来，她感到更多的是欣慰。相比以前的争吵，夫妻两人都对这样的处理方式感到开心。尽管还有更多的问题要克服，但桑德拉觉得这是个好的开始。

你能识别哪些话题或情境会让你和你的煤气灯操控者特别容易跳起煤气灯探戈吗？不妨花点时间把它们写下来。

关注触发煤气灯操控的言行。我想再强调一遍：如果你的某些言行触发了伴侣的煤气灯操控行为，这并不意味着你要为他的过错负责，也不意味着为了不惹他生气，你就得卑躬屈膝地委屈自己。只不过，换一些不同的语言表达，尝试一些新的行为，也许更容易改善你们的关系。

例如，一位女士一开始哭，某些男士就会觉得自己被牵制了，因而变得格外反感。我当然不觉得哭泣从本质上来说有什么不对，但不妨静下心来想想，哭泣是否引发了你所处的关系中的煤气灯操控行为。你的煤气灯操控者是否觉得你的眼泪让他感受到威胁？他是否在看到你哭泣之后，马上就开始证明自己的某个观点是对的？为了让你停止哭泣，他是否加大了"威胁型""好人型"或"魅力型"煤气灯操控的力度？你的眼泪是否会触发他的情感末日？如果你认为哭泣确实触发了对方的煤气灯操控，那就考虑一下你是否能做到不在他面前哭泣，要么忍住眼泪，要么干脆离开房间。

同样地，有些男士只要一听到某些特定的字眼就会开启操控模式。例如，彼得受不了听桑德拉说"你伤害了我的感情"，只要一听到这句话，他就想要开始操控，试图模糊她对现实的认知，证明自己的想法有多正确。如果把这句话改成"我希望你能换一种方式和我说话"，彼得就能接受，但类似"你伤害了我的感情"这样的话就会刺激到他。换了说法以后，桑德拉依然可以正常捍卫自己的权益，所以，有时候只是改动一个很小的措辞就能产生很大的不同。

就马丁而言，他特别受不了"那让我很受伤"这句话，奥利维娅发现马丁真的很需要确认自己能让妻子快乐，一旦他觉得没有做到就开始煤气灯操控，试图让她承认一切都很完美。尽管奥利维娅不愿意总是隐藏她的悲伤情绪，但她明白，他比自己更在意她的情绪，于是奥利维娅决定，如果她觉得特别悲伤就向马丁寻求安慰，因为不管做什么，只要是为她付出的时候，他就不会有操控行为。如果她的悲伤情绪不那么着急释放，比如看了一部又甜蜜又苦涩的电影，或得知一位远方朋友的不幸遭遇，那么她就留着这份情绪等着跟她的女性好友分享。

此外，在很多男士看来，被要求做一件他们做不成的事也会触发他们的煤气灯操控行为。例如，凯蒂和布莱恩交往初期，凯蒂曾让布莱恩帮她搬家。碰巧赶上凯蒂要搬家的那一天，布莱恩要出差，而且凯蒂只能在那一天搬。布莱恩改变不了工作行程，但又很讨厌自己帮不了凯蒂。后来，凯蒂临时找了哥哥帮忙。这时，布莱恩内心的压力和沮丧触发了这个阶段的煤气灯操控行为。他指责凯蒂找了哥哥帮忙让他感觉很难堪，还一再强调凯蒂的哥哥本来就一直看不上他。

如果凯蒂意识到这种情形对布莱恩来说是一个煤气灯触发点，她或许就能更妥善地处理。与其提起找哥哥帮忙搬家，陷入一段长久的争论，不如说："亲爱的，我知道你有多想帮我，相信我，这也正是我爱你的原因。而且我也知道如果我真的需要，你甚至会为了我改变你的工作行程。但是说实话，我不希望你这么做。我知道你想让我感到被爱、被呵护。不过别担心，我会想办法解决搬家问题。"要是凯蒂先这么说，给布莱恩一些时间消化，之后再找机会告诉他，是哥哥"替他"帮她搬了家，就不会出现这种问题了。

这个办法也许能够阻止布莱恩的煤气灯操控行为，也许仍然无济于事，但至少凯蒂尽力避免了自己成为被操控者。

想想你的煤气灯操控者，有没有哪些情形特别容易触发他的操控行为？有没有办法舒缓他的压力，遏制他的操控需求？当这样的情形出现时，你是否能格外小心，避免陷入他的操控行为？

识别可能引发煤气灯操控的权力游戏或控制行为。现在我们要聊一些可能比较敏感的话题，想一想那些自己做得不那么妥当的时候。例如，你有没有对你的煤气灯操控者百般挑剔、苛求，导致他情绪失控？你有没有贬低过他，或利用他的弱点来达到自己的目的？你有没有故意说一些话或做一些事让他很崩溃？

说实话，如果你跟我说你从来没玩过这样的权力游戏，我基本不会相信。毕竟我们不是圣人，偶尔都会有一些暗中操控他人的行为。但如果你的行为已经成为一种让你的煤气灯操控者失控的固定范式，也许你现在该考虑做出一些改变了。

例如，我的来访者特蕾茜总在钱的问题上跟丈夫争执不休。她发现每当自己想要报复亚伦的时候，就会故意提起他的家庭背景。她会说一些看似随意、实则非常伤人的话，比如"在那样的环境中长大，你居然对上等葡萄酒如此了解，真是不可思议"。或者指着一位穿着寒酸的女士，问："你觉得你母亲会喜欢那顶帽子吗？"特蕾茜曾经觉得玩这种小小的权力游戏无伤大雅，毕竟亚伦总是对她优越的出身嗤之以鼻。但当她意识到这样的话通常会引发亚伦的煤气灯操控行为时，她主动放弃了这些小心思。

有什么你喜欢玩的权力游戏会让你的煤气灯操控者失控？你是否愿意放弃这种游戏？

识别寻求煤气灯操控者认可和坚决要求他让你安心的方法。相信我，我知道迫切需要得到一个人的安慰是什么感觉。我知道只有煤气灯操控者的认可才会让你有安全感，或者才能证明你是一个善良、能干、值得被爱的人是什么感觉。但我也知道，向煤气灯操控者寻求安慰，或者试图让他缓解你的焦虑，经常会让他也陷入焦虑，甚至，更讽刺的，会引发更多的操控行为。

凯蒂遇到的就是这种情况。她越迫切地想让布莱恩相信她是个忠诚的好女友，布莱恩言语上对她的侮辱就越让她受伤，她越因此而失落，布莱恩就越不开心，于是只能加大操控力度来释放心里的压力。因为在布莱恩看来，保护凯蒂、让她开心是他的职责。如果她感到焦虑、恐惧或痛苦，尤其当他觉得这是自己造成的时候，他会觉得受到了严重的威胁。而一旦受到威胁，他就会开启操控模式，这又势必会让凯蒂更加焦虑、恐惧和痛苦。这简直就是一场恶性循环！

好消息是，凯蒂是有能力打破这个循环的。只要她能够控制自己的情绪，就可以阻止潜在的操控行为。让我们看看在关于凯蒂调情的争论里，这种恶性循环是怎样被打破的。

　　布莱恩：你注意到今天晚上一直看你的那个人了吗？他以为他是谁啊？

　　（凯蒂知道指出布莱恩的错误只会让他更想证明自己是对的。所以，她没有争论，而是选择了提问的方式。）

　　凯蒂：哦，你说的这个我真没注意到，你能详细说一下吗？
　　布莱恩：他看你的时候两眼都在发光，他故意侧着身子想要靠近你……他有无数种方式调戏你。我真不敢相信你居然看不出来。你也太天真了！

　　（凯蒂听到布莱恩说她太天真很不开心，但她意识到在他面前流露出不开心只会让他加大操控的力度。于是，她没有表现出自己的情绪，而是讲起了笑话。）

　　凯蒂：天哪，要不是我知道自己是全世界最懂人情世故的女人，我肯定要担心自己了！
　　布莱恩：你说什么？
　　凯蒂：你嘴上说我天真。但你肯定是在开玩笑，对吧？毕竟我的男朋友这么优秀，肯定只会用最动人的赞美之词来夸我！
　　布莱恩：嗯，没错，确实如此。

请注意在这个情境里双方互动方式的变化。凯蒂已经找到了一个停止权力争夺的办法。她没有和布莱恩争论，也没有显示自己的不开心，这两点都会让他觉得受到威胁，进而加大操控的力度。通过选择不同的方式来规避"雷区"，凯蒂阻断了煤气灯探戈的进程，从而关掉了煤气灯。

避免触发煤气灯操控的其他方法

讲笑话："天哪，要不是我知道自己是全世界最美丽的女人，我可要开始担心了！"

提问："你是觉得我很愚蠢吗？那你显然是看到了我没看到的东西。所以，你能详细说说吗？"（注意：如果你用讽刺的口吻提问，无疑是在火上浇油。但如果你很诚恳地提问，也许真的能得到对方的回应。）

行为定性："上次你对我说这种话（或者用这样的语气和我说话），是要去你母亲家吃晚饭的时候，你感到心烦意乱。所以现在是有什么情况吗？"

表示同情："你现在这么难受，我很抱歉。有什么是我可以帮你做的吗？"

---

4. 关注你的感受，而不是对和错

很多时候，煤气灯操控者提出的指控也不完全是无理取闹。

也许你真的和派对上的那位男士调情过了头，需要跟男朋友说一声抱歉。也许你放了闺蜜的鸽子，跑去跟办公室新来的帅哥约会，你确实算不上是合格的朋友。如果你的煤气灯操控者因为你的这些问题失控，你也没什么好辩解的，只能照单全收。

除此之外，这位煤气灯操控者可能还会有进一步的举动。例如，布莱恩就一再强调凯蒂是在故意羞辱他："你就想在公众场合让我难堪，不是吗？"他会不断地重复："你为什么就不能承认这一点呢？"

"但我确实不能承认啊，因为它不是真的！"凯蒂会这么回答，并且满脸困惑。扪心自问，她确信自己没有任何有恶意的行为，最多也就是不够敏感细致而已。但是在听了布莱恩长达几小时的控诉后，她开始动摇了，开始怀疑他说的是真的。毕竟，他看起来那么笃定，而且无论她怎么争辩，他都不为所动。她认定自己一定是做错了什么……

同样地，玛丽安娜的朋友苏也很擅长利用玛丽安娜的弱点。每次只要苏一指出来她的问题，玛丽安娜就觉得自己毫无还击之力。仿佛苏只要能精准地指出她的缺点，就拥有了定义她人品的权力。玛丽安娜不知道该如何抵抗，反而越发渴望去获得苏的认可。

从权力争夺陷阱里解脱出来的唯一方法就是停止考虑谁对谁错，多多关注自己的感受。如果你真心感到懊悔，那就向对方道歉，然后尽力补偿。但如果你感到困惑、受伤、受挫或恐惧，那肯定是有什么问题。无论你之前做了什么，即使你也为此后悔，你一定是被对方操控了。你应该立即停止你们的对话。

对玛丽安娜来说，在某次她为了跟一位男士约会而临时放了苏的鸽子之后，转折点出现了。下面的对话展示了第二天两人通话时，玛丽安娜是如何退出权力争夺的。

苏：你怎么能这样对我？你知道我有多期待见你！我们可是有约在先的。你居然在最后一刻放我鸽子，就为了跑去跟一位男士约会？

玛丽安娜：我知道是我不好，非常抱歉。你完全有理由生气。不过，他真的很有魅力，而且我都好几个月没约会了。但是你说得对，这绝对不能成为借口。所以我该怎么补偿你？

苏：你要怎么补偿我？你根本就是在故意告诉我我在你心里多么无足轻重，而你是多么尊贵。你一直都嫉妒我有男朋友，而你没有。所以，这是你报复我的方式吗？

玛丽安娜：怎么会呢，苏，你这么说就太过分了。我确实不该取消我们的约会，但我并不是为了针对你才这样做。我只是确实很想和杰瑞德约会而已。

苏：我才不信。你心里最清楚。你肯定是想报复我，快承认吧！

（通常，玛丽安娜会在这个节骨眼上更加努力地替自己辩护。但现在她正在尝试关掉煤气灯，于是她选择了尽快退出这场争论。）

玛丽安娜：亲爱的，临时取消我们的约会，我很抱歉。但如果你告诉我我可以怎么补偿你，我一定会努力做的。除此之外，其他没必要再说了。

苏：没必要再说是什么意思？你侮辱了我，还打算把我晾在一边？

玛丽安娜：我说真的。如果我们一直这样吵，确实没必要再说下去了。

苏：太不可思议了！你这是换了一种方式报复我吗？

玛丽安娜：怎么可能，我怎么会报复你呢？好了，我已经道过歉了，现在我要去忙了。如果你还是不接受，那我只能挂电话了。

练习退出争论的方法

- 参见本书第 228 页。选择最适合你个性、你的煤气灯操控者最可能听得进去的表述。如果有必要，你可以进行相应的修改，或者给出自己的版本。
- 找一位朋友进行角色扮演。告诉你的朋友该如何扮演你的煤气灯操控者，包括他可能说的话。然后你扮演自己，看看使用这些新的语录会是什么感觉。
- 撰写自己的剧本。写一段对话。想象一下你的煤气灯操控者会说什么，然后设计出你的回复。你甚至可以练习把自己的回复大声说出来。"如果他说'你真是个蠢货',我就说'亲爱的,我不希望你用这样的语气和我说话'。如果他说'我想怎么跟你说话就怎么说',我就回复'那我回家了'。"

- 少说话。请记住,你的目标是退出争论,而不是让它升级。选择一两句对你特别有帮助的语录,不断重复它们,或者干脆保持沉默。你的煤气灯操控者铁了心要证明自己是对的,所以你不可能改变他的想法。但你可以向他证明这种行为会招致他不喜欢的后果。慢慢地,这可能会促使他做出改变。

- 选择退出策略。如果你的煤气灯操控者拒绝停止争论,那么你必须终止对话——挂掉电话、走开、转移话题,甚至有可能就像特蕾茜在第 4 章里做的那样,主动为对方泡一杯茶。知道如何终止对话,即使不一定非要用这个方案,会让你从一开始就更加充满力量。

5. 切记,你无法控制任何人的意见,即使你说的是对的!

在我亲身经历的煤气灯操控关系中,我总是非常渴望让前夫承认我是对的,而这恰恰是最大的陷阱之一。我就是无法忍受他觉得自己迟到 3 小时没什么大不了的态度,还总是怪我太小题大做。于是我会没完没了地跟他争论,努力改变他的看法。现在回过头去看,我觉得我想控制他的程度和他想控制我的程度不相上下。例如,当他晚了 3 小时回家,我提出质疑的时候,他总会想方设法地逼我承认,是我不讲道理、不懂得变通、控制欲太强。

与此同时，我也会竭尽所能地让他相信我的懊恼也在情理之中。

20 年以后，我依然认为我是对的，他是错的，我的懊恼就是理所当然的！但这已经不重要了。让我深陷在煤气灯探戈中的，是我无法接受不管我做什么，前夫都会坚持他的看法。如果他认为我不讲道理，那么无论我多么努力地和他争论，无论我多么难过，他依旧会那样认为。当我明白了不管我说得有多对，他，也只有他，能主宰他自己的想法，无论我说什么、做什么，他都永远不会改变的时候，我终于在通往自由的道路上迈出了重要的一步。

我的来访者米切尔——母亲总轻视他、鄙视他的新衣服的那位——也有类似的经历。我们沟通的时候，很大一部分谈话都围绕着一个主题展开，那就是，他的母亲怎么看他是她的自由，他要做的不是去改变她的看法，而是停止在意她的看法。如果米切尔可以不把母亲理想化，不再一味追求她的认可，那么她经常使用的侮辱诋毁、故意制造内疚感等手段也就不会再对他起作用。

很长一段时间，米切尔都不愿接受他无法控制母亲的想法这个事实。尽管母亲有时会对他大加赞赏、疼爱有加，但其他时候却表现得非常冷淡、不近人情，甚至有些残酷。米切尔觉得这种反差太让人沮丧了。他认为母亲的态度跟他的表现有关：表现得不好，她就冷若冰霜；表现好了，她身上就散发出母性的光辉。但事实是，母亲的态度是由她自身的原因决定的，与他的表现是好是坏没有必然联系。知道这一点以后，米切尔感到非常痛苦。

每个孩子都会期待从父母那里获得源源不断的爱和认可，这其实是一种本能。这样看来，米切尔的处境让人觉得更辛酸了。

父母即使不认可孩子的某个行为，依旧可以对孩子表达基本的关心和爱护，而这正是米切尔从母亲那里得不到的。米切尔渴望得到母亲的认可，所以让他接受自己可能永远都实现不了这个愿望是非常困难的。

因此，对米切尔来说，摆脱母亲操控的方法就是接受他不可能控制她的想法这个事实。"即使我是对的，我也控制不了她怎么想"成了他的新格言。尽管一开始，坚守自我认知的"孤独"让他有些害怕，但渐渐地，他还是喜欢上了这种独立自主、不拖泥带水的感觉。放下控制母亲想法的执念，米切尔获得了全新的自由去探索自己的回应方式，并采取相应的行动。

决定下一步行动

现在你已经开始关掉煤气灯，在这个过程中你可能会得到各种各样的回应。也许像桑德拉和彼得那样，你和你的煤气灯操控者逐渐找到新的相处之道。也许，像梅兰妮和乔丹那样，你的操控者完全拒绝改变。也许，像凯蒂和布莱恩那样，你们还在整理思绪，努力搞清楚所有的可能。

你或许已经决定了下一步采取什么行动。但是如果你还没有，请翻到下一章，我会指导你做出该走还是该留的决定。

第 7 章

走还是留？

凯蒂感到很困惑。在和占有欲很强的男朋友布莱恩的相处过程中，她全心全意地努力关掉煤气灯，也确实觉得自己取得了一些进展。每当她选择退出煤气灯探戈，告诉布莱恩她不想继续讨论下去，或者索性离开房间不听他的指责的时候，他多数时候都选择了退让，有时甚至还会道歉。此外，凯蒂也觉得自己在抵抗趋同心理这方面做得越来越好。跟之前相比，她越来越能够接受不同意见，也不再总是需要获得布莱恩的认可。渐渐地，她对做一个"好人"有了自己的认知，不管布莱恩是否认同她的想法。

但是，凯蒂也告诉我，布莱恩似乎对这些改变毫不在意。如果这次凯蒂打乱了煤气灯操控的节奏，布莱恩可能当下会选择退让，但依旧会不断开启新一轮的操控，频率丝毫不会比之前有所减少。这就意味着凯蒂需要时刻保持高度戒备的状态，稍有闪失——例如，不小心又在布莱恩面前为自己辩护或为自己没有做过的事道歉——布莱恩就会觉得一切如常，都在自己的掌控之内，他会因此很开心。

"我觉得好像只有我一个人在推进所有的改变，"在双方

"共同"努力了三个月后，她这么跟我说，"布莱恩并不是一点儿改变都不愿意做，但他确实不太主动。他就像一块大石头，我得不断地在后面推他，他才能上坡。如果我努力得多一点儿，就可以取得一些进展，但只要我稍微一停，哪怕只有一秒钟，他立刻就会从坡上滚下来。这块石头可能没有变得更重，但它肯定也没有变轻！"

于是，凯蒂开始困惑下一步该怎么办了。她依旧深爱着布莱恩，舍不得和他分手。但她对布莱恩的失望与日俱增，因为他总是不停地指责她，总说这个世界充满了危险和痛苦。她想知道，她还能奢望未来会有怎样的改变？哪些是努力可以实现的，哪些又是痴心妄想？最重要的是，她得看到多少改变才愿意继续维持这段关系？

莉兹开始意识到事情必须有所改变，不能再继续这样下去了。她把太多的时间和精力花在了纠结领导的言行上。有时候莉兹甚至觉得这位领导已经成了她生活里最重要的人，甚至比她丈夫、闺蜜和家人还重要。"他似乎总能让身边的一切都黯然失色，但我已经受够了这种感觉，"她告诉我，"我要恢复正常生活！"

对莉兹来说，问题在于她能否在恢复正常生活的同时保住她千辛万苦才取得的职位。有没有办法既能留住这份工作，又避开煤气灯探戈呢？她为此困惑不已。还是说领导太擅长抓住她的软肋，掌控全局，再怎么减少接触也避免不了被操控？

莉兹开始仔细考虑自己有哪些退路。她第一次认认真真地审视自己的就业选择，盘点自己可以申请哪些广告公司，哪些人又能帮助自己找工作。她花了很长时间试图看清现任领导的意图：他到底有多想把她踢出公司或者在公司里孤立她?她能否做些什么来改变这种情形，还是说他铁了心要把她赶走?她仔细反思了自己在这段关系中的表现。她有没有可能做到无视领导的挑衅，不像现在这样惊慌失措，迫切地希望取悦他?纠结着"改变"自己是否会占用太多精力而消磨了自己对工作的热情?努力改变这段关系或者干脆离开，哪个才是对的选择?

当米切尔终于看清了母亲的操控行为以后，他难过了好几个星期，好像他想要掩藏一辈子的悲伤、愤怒和无助一下子全都暴露出来了，他一度不知所措。他反反复复地说："我再也不想看见她了，我不需要她!我为什么要在意一个这样对待我的人?"

米切尔明白彻底和母亲断绝关系不是一件小事，于是他不断地征询我的意见。我告诉他，正常情况下，如果可能的话，还是和家人保持联系比较好。原因很简单，家庭关系占据了我们生命中的很大一部分。随着年龄的增长，这些关系会变得越来越重要。如果我们有了自己的孩子，就更是如此。当然，如果一段关系确实到了无法修补的地步，剩下的只有虐待，而且这种虐待会妨碍我们继续好好生活，又或者它带来的痛苦已经让我们享受不到生活的乐趣，那就真的到了彻底要和这个人断绝关系的时候了。

米切尔开始反思母亲在哪些方面影响了他的生活，从他穿什么衣服到能否对女友做出承诺，基本上是无孔不入。他也思考了自己在哪些方面能够理解母亲的行为。尽管在一定程度上，他很想彻底和她断绝关系，但他还是迫使自己冷静考虑了其他可能性，比如只在节假日见她，从每周见一次改为每月见一次，和她见面时必须有女朋友或其他朋友在场等。与此同时，他也觉得不用太快做决定，等自己感觉更坚强一些的时候，可以根据情况来调整行动。米切尔知道在和母亲的关系里，他必须做出一些改变。但在很长一段时间里，他没办法确定他到底想要怎样的改变。

花时间做出决定

如果想要从一段煤气灯操控关系里解脱出来，我们就需要在一个时间点做出决定，是继续留在这段关系里，还是果断放手？我一直强调，真正解脱的唯一方法就是要有离开的意愿，然后才是决定自己是否真的要离开。

可能到了一定的时间，你发现自己已经别无选择：为了维持自我认知，让自己过得开心，你必须离开。又或者你觉得自己有好几种选择，但离开是最好的一种。换句话说，不管你是否感到绝望，你都会在某个时间点意识到这段关系要结束了。

还有一种可能，你考虑之后决定留在这段关系里。也许你觉得可以改善这段关系，又或者你认为虽然这段关系免不了痛苦和沮丧，但还是有不少值得你留下的理由。

无论做什么样的决定，你可能还是对煤气灯操控者有很多正面的评价。也许你依旧深爱你的丈夫，或者依旧非常喜欢你的朋友。如果操控者是你的家人，可能会让你五味杂陈，爱、愤怒、悲伤、沮丧、喜爱和困惑交织在一起。如果操控者是你的领导或同事，也许你仍然可以看到继续从事这份工作的种种好处，甚至可能对这位操控者怀有感激、尊敬和爱慕之情。

有一点我要认真强调一下，我们对煤气灯操控者的正面评价并不一定是一种错觉。毕竟人是复杂而充满矛盾的，我们都不完美。操控者可能在情感上确实虐待了我们，在交流方式上有很大的问题，但与此同时，他们也确实给予了我们感情、关注和建议，并在相处和磨合的过程中给予我们安全感。他们可能陪伴我们度过了生命中一些很重要的时刻，也可能帮我们在某些方面成长，特别是只靠我们自己做不到的那些方面。他们身上可能有其他令我们欣赏的特质，或者根本没有什么特别的理由，但他们就是能触动我们。

当我们发现自己遭遇情感虐待的时候，通常会有一些极端反应。我们想让伤害我们的人付出代价，我们想寻求正义或报复，以弥补自己遭受的伤害。我们没办法相信自己曾经对这个危险的、充满破坏性的人有过好感，甚至想和这个人彻底断绝关系。

这些情绪都很自然，可能会引发我们的实际行动，但也可能不会。有时，我们面对煤气灯操控者，特别是对家人，会产生强烈的情绪反应，其中的部分原因在于我们对自己的懊恼：我们怎么能这么愚蠢？我们怎么能让自己受到如此糟糕的待遇？为什么我们不能做理想中那个坚强独立、自给自足、远离虐待的人？为什么我们不能更强大、更有主见？当我们开始仔细审视自己在这段操控关系里扮演的角色时，可能会产生一系列复杂情绪，比如羞耻、怨恨、愤怒和悲伤。

但是，能够发现并感受到所有这些情绪是很重要的，它们可以帮助我们了解自己经历了什么，接下来打算做什么，有时甚至可以促使我们立即展开行动，告诉我们："快逃出去，一天也别再耽搁了！"可见，倾听心中那个迫切的声音是我们最好的选择。

不过，有时候我们也需要让情绪沉淀一下，冷静之后再行动，尤其是涉及终身恋情、伴侣或孩子的问题时，需要留出足够的时间去考虑所有可能的选择。我们可以做出一些暂时性而非永久性的回应，比如分居而非离婚；喊一次"暂停"，而非切断一切联系等。我们可以先不告知对方，然后适当保持距离，这样就能在彻底决定前给自己留出足够的时间和空间去思考。

比如说，玛丽安娜对她和苏的关系感到越来越沮丧。她很讨厌两人之间激烈的、情绪化的对话，每次她都有一种自己被评判、被控制的感觉。但她俩毕竟从中学时期开始就是好朋友了，如果让她跟苏彻底断绝往来，玛丽安娜从情感上会难以接受。

　　她知道自己要做出一些改变，但她不确定是该彻底结束这段关系还是减少两个人往来的频率，或者说服苏跟自己一起尝试漫长而痛苦的改变。

　　玛丽安娜也知道，如果她直接告诉苏她们两个人需要暂时不见面，一定会引发新一轮的争执，而这正是玛丽安娜不想看到的。但她也不能只是简单地拒接电话，那同样会引起苏的怀疑和担心。于是，玛丽安娜说她在工作上遇到了一些困难，可能有一个月左右的时间没办法和苏见面。她成功地将两人的接触限定在简短的电话和电子邮件的范围内。玛丽安娜希望这种暂时的、"非正式"的限制行为能给自己留有一点儿喘息的空间，让她可以冷静地厘清内心的真实感受，并考虑接下来可以采取什么行动。

　　那么，你怎么知道下一步该做什么呢? 下面的四个问题可以帮你做出决定。

帮你明确去留的四个问题

① 我能换个方式和这个人相处吗?

② 他能换个方式和我相处吗?

③ 我是否愿意努力改变我们之间的相处模式?

④ 从现实来看，如果我付出最大的努力，这段关系是否就会如愿?

我能换个方式和这个人相处吗？

在这本书中，我们看到的太多案例都表明，你所处的煤气灯操控关系不会改变，除非你自己先做出改变。关掉煤气灯的前提是你必须和你的煤气灯操控者分开，不参与煤气灯操控的对话，或者遇到情感末日的威胁时，直接离开房间。这意味着你必须拒绝趋同心理，同时愿意让你的煤气灯操控者拥有他自己的观点，即使你知道他的那些观点都是错误的。这还意味着当你感到焦虑、孤独或不安的时候，不一定要和你的煤气灯操控者分享，因为正是这些情绪引发他开启煤气灯操控模式。当你感到焦虑而他又没办法解决问题的时候，他会觉得自己无能为力，于是通过煤气灯操控行为来维持自己依然拥有权力、掌控大局的感觉。

你不妨问问自己下面这些问题，了解一下你究竟愿意做出多大的改变。接着你可以再往下看看凯蒂、莉兹和桑德拉都是怎么回答这些问题的。

（当他开始对我进行煤气灯操控时，我能否做到不参与对话？我是否经常需要向他证明我是对的？即使没有大声说出来，我的脑海里是否反复地上演和他的争论？）

凯蒂：我没有那么强烈的自己一定得对的意愿。我想我对布莱恩也是这样的。退出争论对我来说不是什么特别难的事情。

莉兹：听到领导歪曲事实真让我抓狂！即使我嘴上没说什

么，但我知道我会在脑海里不停地循环思考我们之间的对话。我实在不想听他说那些话！

桑德拉：我第一次主动退出和彼得之间的煤气灯操控对话时，觉得很难受。我胃疼，甚至身体都开始发抖。我太想让一切回到正轨了！但是尝试了几个月之后，我发现退出并没有那么困难。所以，没错，我想我现在已经可以轻松自如地做到这一点了。

（如果他的煤气灯操控行为使我对自己或我们的关系感到焦虑，我会向他寻求安慰吗？我能找到某种不靠他就冷静下来的方法吗？）

凯蒂：这对我来说很困难。我希望自己可以依靠布莱恩，所以我觉得自己做不到不去寻求他的安慰。事实上，我不确定自己是否想改变这一点。我希望在不惹他生气的情况下可以随时向他寻求安慰。

莉兹：哦，我当然能做到这一点。我不需要那个家伙来确认一切都好！我只需要他停止过分的行为。

桑德拉：我想我能做到这一点，但是会比较有难度，因为彼得总会注意到我不开心的样子，问我怎么了，是不是一切都好。有时他确实想听我真实的回答，有时这只是新一轮煤气灯操控的开始，他只是想要说服我，向我"证明"我没有理由不开心，因为他做的一切都很完美。所以，我必须分清他是真的在关心我，还是在引诱我上钩。不过，我想我可以不依靠他，自己冷静下来。

（如果我说我会做某件事，比如在他大声吼叫的时候离开房间，或者当他迟到了 20 分钟就离开餐厅，我能说到做到吗？）

凯蒂：这是我最讨厌的地方。我想我能做到，但是我很不喜欢这么做。

莉兹：没问题，我能做到。我只是认为这个问题不适用于我的情况。在我看来，似乎无论我做什么，他的行为都不会改变。

桑德拉：是的，我能做到。毕竟，我和孩子们相处的时候已经做过足够的练习！

（在凯蒂、莉兹和桑德拉回答完这些问题以后，我让她们分别总结一下自己的情况。结合之前的那些答案，她们将如何回答这个关键问题：我能换一种方式和这个人相处吗？）

凯蒂：我也许能做到，但我现在不太确定这就是我想要的！如果不能和男朋友共担烦恼，或者不能时常从他那里寻求安慰，那还要男朋友干什么？也许说到底，我并不想这么做……

莉兹：我不认为我能控制自己在和这个人共事时，不去纠结他对我做了什么。我就是觉得我做不到。

桑德拉：是的，我想我能换一种方式和彼得相处。做出这些改变，可能对自己也有好处。

他能换个方式和我相处吗？

我们先退回来再想想，是什么原因促使一个人变成煤气灯操控者。一般情况下，当一个人受到威胁或感觉到压力的时候，才会开启煤气灯操控模式，通过证明自己没问题来对抗这种压力。这是他觉得自己强大、自主的方式，也是他维持自我认知的方式。

有些人在自我认知方面非常不坚定，所以总会不由自主地开启煤气灯操控，时间久了，这似乎成为他们和别人之间正常的互动模式。每当他们感觉失控无力，就会寻求一切机会控制别人的想法，这样就能让自己感觉强大，可以掌控一切。

有些人只在某些特定的关系里进行煤气灯操控，而在其他关系里表现正常。例如，他们可能对配偶进行煤气灯操控，但对雇员就没有这种行为。或者，作为领导，他们进行煤气灯操控；而在家里面对伴侣的时候，他们则心地善良、充满爱心。

还有些人只是偶尔开启煤气灯操控模式，当他感受到来自这段关系内部或外部的压力时会选择这种方式应对。假如你和这样一个人结婚，他可能在长达数周甚至数月的时间里都没有发作，然后某天你们可能因为钱的问题大吵了一架，或者他和某个孩子相处得不太顺畅，或者他在工作上遇到了麻烦，又或者他的母亲生病必须去医院……总之在压力骤增的时候，他会突然开始对你进行煤气灯操控。

下面是有关煤气灯操控者的第一个问题。

凯蒂：说实话，我不知道，有时候，我觉得他对煤气灯操控很执着，因为他一直都在这么做！但也有一些时候，我发现只要我主动做出改变，他就会停止煤气灯操控行为。所以，我真的不知道这个问题该怎么回答。

莉兹：哎，他完全痴迷于煤气灯操控，至少对我是这样。我能看得出，他是那种时刻需要证明自己是对的、一切都以自我为中心的人。他非常享受看我经受各种考验的过程。我离开办公室的时候他甚至会得意地笑。我实在无法想象他有一天会做出改变。

桑德拉：我认为彼得一旦觉得有压力，就会情不自禁地开启煤气灯操控模式。但是我已经做了一些关掉煤气灯的努力，到目前为止效果还不错。我们两个聊了一下这个问题，也都想做出改变，确实有效。在我看来，彼得对煤气灯操控没有什么执念，尽管他可能有这样的趋势。

可以看到，莉兹和桑德拉能够非常肯定地回答这个问题，但凯蒂并不确定。如果你也不确定，我建议你试试下面这个练习。在整整一个星期的时间里，尽最大的努力关掉煤气灯。拒绝任何一次参与煤气灯探戈的邀请，不要放过任何一个停止这支舞的机会。抵制一切控制、解释、分析、幻想，甚至和你的煤气灯操控者进行谈判的诱惑。在某个时间点，他一定会试图重新引诱你继续跳那支探戈。但是你要忍住，看看一直拒绝会发生什么。

凯蒂：当我尝试在整整一个星期里关掉煤气灯的时候，布莱恩还是老样子，继续对我进行煤气灯操控。有时我能打断他的进程，但他总会找到机会重新开始。我不禁怀疑，我们之间是不是以后一直都是这个样子……

如果你还是不确定他能否换一种方式和你相处，你可以问另一个问题：他能和你产生多少共鸣？除了煤气灯操控关系，你是否觉得他把你看成一个独立的个体，尊重你，爱护你，倾听你的心声？还是他似乎总是更关心自己——总想证明他是对的，想向你展示他有多完美或多浪漫？你是否觉得你跟他心意相通？还是你觉得他常常只是在表演？

如果你的煤气灯操控者总能用你接受的方式理解你，和你产生共鸣，你就有理由相信煤气灯操控行为会结束，或者起码减少到你可以接受的程度。但如果你发现你们的关系大多时候让你觉得不同频、不满意，那么你的煤气灯操控者可能不会换其他方式和你产生共鸣。即使在他不主动进行煤气灯操控时，也不会亲近你、尊重你。在这样的情况下，努力关掉煤气灯，也许他的操控行为会减少，但你依旧不会觉得这段关系令人满意。

他能和我产生多少共鸣?

凯蒂: 我不知道。刚开始交往的时候,我觉得布莱恩是个完美的男朋友。他有很强的保护欲,并且充满爱心,我和他在一起感到特别安全!但现在我开始有些怀疑。也许他只是想证明他很强大,有能力保护我。而一旦他觉得自己失败了,就会对我进行煤气灯操控。所以,我想他并没有真正理解我,和我有共鸣。

莉兹: 我不知道他和其他人相处是什么状况,但我和他之间肯定没有共鸣可言。他所做的每一件事都是为了他自己的利益,是某种权力游戏。至于莉兹是谁,他根本不关心。我只不过是他棋盘上的无名小卒。

桑德拉: 彼得有时因为忙于应付工作和他自己的问题而忽视我,这个时候他就会对我进行煤气灯操控。他需要证明自己是个好人,那样我就不再是个真实存在、需要花时间交流的人,而只是他的一名观众。但有些时候,他确实非常理解我。他会注意到我不开心,问我是怎么回事,然后为我提供有用的建议。他会注意到我累了,主动说:"今晚我哄孩子睡觉,你放松一下,好好休息吧!"当我拜访完家人回到自己家里的时候,他甚至会主动做晚饭,因为他觉得他不用和我一起去是逃过了一劫!所以,没错,我认为他能理解我,和我产生共鸣。虽然有时他没做到,但大多数时候他有这个能力。

你的煤气灯操控者和你有多少共鸣，他是否……

- 看起来能够理解并尊重你的观点？

- 至少偶尔会关注你的感受和需求？

- 至少偶尔会把你的感受和需求看得比他的还重？

- 对他多次伤害你的行为表示懊悔，并做出积极的改变？

- 诚心要做出改变，而非只是想哄你开心或者为了证明自己有多好？

　　我又让凯蒂、莉兹和桑德拉根据自己对其操控者的了解，思考她们会如何回答这个关键问题：他能换个方式和我相处吗？

凯蒂：我不确定。至少现阶段他不能。

莉兹：肯定不能。

桑德拉：是的，我认为他能。虽然不是每时每刻，但大部分时间都可以。

我是否愿意努力改变我们之间的相处模式？

　　由于煤气灯操控具有顽强的抵抗力，处在这种关系里的双方要想打破这种模式特别困难。煤气灯操控关系通常都会形成恶性循环：他带有攻击性的行为引发你防御性的回应，而你的回应又触动了他的敏感神经，进一步引发他更有攻击性的行为。

例如，凯蒂逐渐意识到，她所处的煤气灯操控关系从第一阶段发展到第二阶段，后来又进入第三阶段，很大一部分原因在于她和布莱恩的相处模式已经形成了一个死循环。当她觉得焦虑不安、需要被关注，而他又觉得自己无能为力的时候，他就会开启煤气灯操控模式，好让自己感觉更强大一些。他会试图让她相信她没有理由焦虑，或者她不需要什么关注，又或者寻求关注本身就是错的。他越生气，她就越焦虑、越想被关注，于是一切都变得更糟糕。

所以，当布莱恩刚开始指责凯蒂调情的时候，凯蒂确信他的看法是错的，她的回应也印证了这一点："啊，亲爱的，我没有调情！""布莱恩，你太荒唐了，那位男士只不过是表示友好而已。""你真的没什么可担心的。你为什么就不能相信我呢？"但随着布莱恩持续不断的指责日益加剧，凯蒂的自信被一点一点侵蚀，变得越来越焦虑，她回应的内容也由否定变成了抚慰："拜托，布莱恩，不要那么说！""我没有什么特别的意思，你要相信我！""我受不了你把我想得这么坏。现在我觉得糟糕透了！"

布莱恩是个容易焦虑、缺乏安全感的人，但他并不是冰冷的恶魔。看到凯蒂难过，他也确实会不开心，而且他不喜欢那种因为自己而让凯蒂难过的感觉。随着凯蒂的自信心锐减，她对布莱恩越来越依赖，需求也越来越多，迫切想要他随时给她安慰，证明他的爱。布莱恩很在意凯蒂的这种情感需要。他很想帮她，却有心无力，他痛恨这种无能的感觉。所以凯蒂越是依赖他，他就越感到痛苦、越想指责她，负能量也就越大。就这样，他们的煤气灯操控关系进入了第二阶段。

布莱恩在第二阶段的侮辱和指责让凯蒂变得越发焦虑和绝望，而她不断寻求安慰的行为也让他更加无助和失控。他为什么就不能让她开心呢？他为什么没办法让这段关系进行下去呢？他有什么问题？不，他不可能这么软弱无助。作为一个丈夫，他不可能这么差劲；而作为一个人，他也不可能这么失败。问题不在于他无能，他必然是强大的，所以问题肯定出在她身上。布莱恩自身的绝望和不安导致他不断加大对凯蒂的指责和攻击，更加努力地说服她承认他是对的、强大的，而她是错的、糟糕的。于是，这段关系最终进入了第三阶段。

可能引发煤气灯操控升级的行为

- 自我贬低

"我知道，我太愚蠢了。"

"请原谅我，你知道我有时候会过于自我。"

"不敢相信我一直这么自私。"

- 寻求安慰

"尽管我什么也做不好，但你还是爱我的，对吗？"

"亲爱的，我感到很寂寞，你看不出来我有多需要你吗？"

"我不是有意伤害你的。你还在生我的气吗？"

- 认定他会用很糟糕的方式对你

"不要再耍性子了。"

"拜托你别嫉妒，你知道你没有理由的。"

"我知道你会认为我很蠢，但我就是控制不了，行了吗？"

当凯蒂意识到是她的回应方式加深了布莱恩的焦虑，让他表现出更强的占有欲时，她感到很惊讶。尽管她明白他的不良行为不是她的错，但她也看清了一个事实：她的回应是两人互动模式的一部分。有一天她在我的办公室里说："以前我一厢情愿地认为我很适合他，但现在我开始觉得，也许是我让他露出了自己最糟糕的一面，就像他也让我暴露了我的阴暗面一样。"

正如我们在本书中反复看到的，处在煤气灯操控关系里的双方都很难容忍意见分歧。他需要充当对的一方，而你又需要得到他的认可。他受不了你和他有不同的认知方式，而你又受不了他把你想得非常差劲。你们同时让这段关系变得更加紧张，而这种剑拔弩张的局面往往又会触发新一轮的煤气灯探戈。你不妨问问自己下面这些问题，判断一下你们两个是否能改变现有的相处模式。

有没有人在背后支持我？如我们所见，煤气灯操控会挑战你分清事实和曲解的能力。如果没有人支持，你很难对抗煤气灯操控者。你需要朋友、家人或心理治疗师帮助你维持自我认知，看清到底发生了什么。你可以问自己一个相关的问题:我能不能对至少一个人,比如心理治疗师、伴侣、朋友、兄弟姐妹,彻底敞开心扉,完全不加掩饰地讲述我和煤气灯操控者之间的相处细节,然后看看能够得到哪些诚实的反馈。

> 凯蒂: 我觉得和朋友讨论这个话题不太方便。不过至少我有一位很信任的心理治疗师!
>
> 莉兹: 哦,当然有人支持我了——我的丈夫、朋友和心理治疗师,他们都可以。但大家都已经对我工作上的问题相当厌烦,不想再听我说了。
>
> 桑德拉: 是的,我有愿意支持我的人。我知道他们每次都会给我诚实的反馈,但我并不总想听他们的意见。

我能否坚守自己的原则?你没办法控制对方,这一点已经得到证实,所以你只能控制自己的回应方式。如果你真想改变这段煤气灯操控关系里不好的那些方面,你必须坚守底线,无论感觉会多么糟糕。

假设你告诉他:"亲爱的,我已经受够了你的频繁迟到,我也不想争论这个问题了。下次你再迟到超过 20 分钟,我直接走人。"

到目前为止没什么问题。你设置了底线,表明了自己的立场,捍卫了自己的利益。现在真正的考验来了:你在最喜欢的餐厅预订了位子,整个星期都在期待这顿晚餐……结果他又迟到了 20 分钟以上。你有勇气离开吗?如果下次再发生这样的事情怎么办？下下次呢？再以后呢？如果你没有那份勇气，当然，谁也不能责怪你，可能就没办法真正改变这段关系了。

> 凯蒂：我可以做到，但我不太想这么做。
>
> 莉兹：这个问题对我不适用。如果我对我的领导设置底线，他会直接炒我鱿鱼。事实上，有时他巴不得我这么做，那样他就可以把我炒掉了。
>
> 桑德拉：我最近一段时间就是这么做的，效果还不错。虽然做起来很艰难，但绝对值得。

我是否不仅有原则，还有勇气说"停下来"？ 假设你已经告诉过你的煤气灯操控者，你不喜欢被人吼，你说下次如果他再对着你大吼大叫，无论情况如何，也不管原因是什么，你都会果断地挂掉电话，或者离开房间。

你们私下发生争执的时候，你尝试了几次这个方法，感觉还不错。你离开房间以后，他会冷静下来，停止吼叫，然后你们两个继续像什么事都没发生过一样。有时他甚至会主动道歉，这让你感觉很不错——这段关系终于开始有所改变了！

然后有一天，他突然在家庭聚餐的时候当着你们双方亲友的面对你大吼大叫，你会选择直接走开吗？或者，如果某天夜里很晚了，你只想在自己的床上好好睡一觉，他冲你吼了，你会去沙发上睡，或出去找一家汽车旅馆吗？再者，如果是某个清晨，你正着急去上班呢，你难道不会想：就这一次，忍忍算了。不跟他一般见识,任由他吼?

你知道问题出在哪儿了。这种改变需要深入、共同的努力。并不是每个人都有勇气做出这样的努力,尤其当她还有其他事务缠身的时候。你是否在知道不一定会有回报的前提下,依旧愿意投入那么多的精力去挽救这段关系?还是说,离开这段关系,找一个不会煤气灯操控的人看起来更明智?

> 凯蒂:我有自己的原则,但我不确定自己是否有足够的勇气。
>
> 莉兹:这个问题对我也不适用。我不能对我的煤气灯操控者摆出这样的立场,因为他是我的领导。如果我不照他的意思做,他就会把我炒了。
>
> 桑德拉:每天忙完工作、处理好孩子的事情之后确实很难有足够的精力再去制止对方。整个过程里我最不喜欢这一部分。说实话,真的很讨厌!但是,为了挽救我的婚姻,我愿意这么做。

我是否愿意做出牺牲? 有时候,用最直接的方式回应煤气灯操控者意味着你会失去一些东西,比如浪漫的晚餐、家庭聚会、在家休息的安宁的夜晚等。你可能会觉得自己放弃了这段关系中很多令人享受或值得拥有的东西,为了挽救这段关系,你所做的一些努力,实际上正在摧毁一切。

坚守立场可能还会让你成为那个"坏人"——缺乏幽默感、脾气暴躁、开不得玩笑、容不下错误。你愿意放弃别人对你的好印象，说你紧张易怒、心胸狭隘吗？

> 凯蒂：我可以做到，但我真的不愿意这么做！
>
> 莉兹：嗯，我对这个问题的看法是这样的，如果你问我是否愿意牺牲自己在公司辛辛苦苦打拼来的职位，以彻底断绝他的煤气灯操控行为？我是否会因为这个可恶的领导让我没好日子过，选择辞掉这份很棒的工作？我现在开始觉得，我可能必须这么做，尽管会有很大的牺牲。
>
> 桑德拉：好吧，可能这才是我最不喜欢的部分。但如果必须这么做，我想我能做到。我依然认为，只要能挽救这段婚姻，做什么都值得。

我又让凯蒂、莉兹和桑德拉分别问自己这个关键问题：我是否愿意努力改变我们之间的相处模式？

> 凯蒂：看清了具体涉及的这些事以后，我现在不太确定自己是否愿意做出那些努力和牺牲。我以前认为自己愿意为布莱恩做任何事……但如果要付出这么大的代价，我真的不太确定……
>
> 莉兹：我做什么不重要，这段关系根本不会发生改变。
>
> 桑德拉：我想我们还是非常有可能挽救这段婚姻的。没错，我愿意为此付出全部的努力。

从现实角度来看，如果我付出最大的努力，这段关系是否就会如愿?

　　这个问题可以真实地帮你厘清接下来的行动。根据现实情况判定你是什么样的人，你的煤气灯操控者是什么样的人，你需要做什么才能改变你们的相处模式，付出这些是否值得? 在你付出这么多努力之后，你能否得到足够的回报? 或者，如果努力了但没什么实际成效，你是否会继续努力，还是选择离开?

　　看到这个问题，你的第一反应是什么? 你是否听见了自己心里的声音: 我要留下，还是我得离开? 不妨咨询一下你的"空中乘务员"，问问他们对你给出的回答满意吗。如果你想象自己留下，有没有感到胃部一紧，身体发出抗议? 你的朋友有没有皱起眉，或者无奈地摇摇头回避你的目光? 如果你想象自己离开，你是会感到一种铺天盖地的恐惧，还是觉得自己的焦虑瞬间减轻了? 你的朋友是感到惊讶，还是为你松了一口气? 也许辨别"空中乘务员"的反应需要相当一段时间，但你要一直留意，倾听他们向你传达的信息。我保证，他们不会让你失望。

一些可能发出危险警示的"空中乘务员"

- 经常感到困惑或迷茫
- 做噩梦或不安的梦
- 记不清与煤气灯操控者之间发生的细节

- 身体预兆：胃部下沉、胸闷、喉咙痛、肠胃不适
- 当他打电话给你或他回到家时，你会感到恐惧或警惕
- 拼命想让自己或朋友相信自己与操控者的关系很好
- 忍受对方侮辱你的人格
- 值得信赖的朋友或亲戚经常对你表示担心
- 回避你的朋友，或拒绝与朋友谈论你跟操控者之间的关系
- 生活毫无乐趣

如果你还不知道答案，不用着急，带着疑问继续往下走，看接下来会发生什么。也许有一天早上醒来，你突然知道该怎么做了，或者你听见自己内心在审视这段关系，仿佛已经做好了决定。也许，你需要给自己一个期限，允许自己安静、专注地把这个问题想透。

为了帮你更好地做决定，我在这里分享一些我的来访者在决定自己去留时的想法。

我的来访者选择留在煤气灯操控关系里的原因

- "我真的很享受我和伴侣之间的对话。"
- "如果有任何能够改善这段关系的方法，就算为了孩子，我

也得试试。"

- "我没有意识到自己也在很大程度上造成了我们之间的问题。我先改变自己的行为,看看会发生什么。"

- "我们毕竟在一起很长时间了。"

- "我很钦佩我的朋友,她的观点总是很独特,我不想和她断绝联系。"

- "我愿意减少和母亲见面的时间,但如果彻底不见她,我会觉得少了些什么。"

- "我希望我的孩子能了解他们的亲戚。为了实现这一点,我愿意忍受一些不愉快。"

- "这份工作还值得我再干两年,然后我一定会离开。"

- "我认为这份工作还能让我学到一些东西,所以我会咬牙坚持,想办法解决问题。"

我的来访者选择放弃煤气灯操控关系的原因

- "如果我跟别人提起我的伴侣怎样和我说话、怎么对我的时候,我没有任何自豪、舒服的感觉,这样的关系不要也罢。"

- "一段好的恋爱关系应该能让你的生活变得更充实、更丰富,但我现在的这段关系却让我的生活变得狭隘贫瘠。即使我也有责任，那我也受够了。"

- "我不希望我的孩子在这样的环境里成长，认为这就是婚姻的常态。"

- "再这样下去，我的朋友都不认识我了。"

- "每当我想起他，就感到焦虑。"

- "我不想被骂，这就是原因。"

- "我厌倦了每天都糟糕透顶的感觉。"

- "我就是不想再有这种感觉了。"

- "我昨天哭了整整一个晚上，实在是受够了！"

- "我不想再纠结这段关系了，想想就难受！"

　　如果你还是不确定下一步怎么走，我再提最后一个建议。把书翻到第 193 页，把"谁有资格进入你的世界？"这个练习再做一遍。然后问问自己：你会允许你的煤气灯操控者进入你的世界吗？如果一想到那个画面，你感觉心情明朗，那么你或许会选择留在这段关系里；但如果你的心情沮丧、胃部紧缩，或者你感到麻木、疲惫，那么你应该选择离开。如果你还是做不了决定，不妨考虑和你的煤气灯操控者暂时分开。有时候，分开也许真的能帮助你们看清问题。

　　下面是凯蒂、莉兹和桑德拉对"从现实来看，如果我付出最大的努力，这段关系是否会如愿？"这个问题做出的回答。

凯蒂: 我不确定, 但我认为答案很可能是"不会"。我知道我们的关系可以变得更好, 它也确实一点一点在好转。但也许布莱恩和我真的会激发出彼此最糟糕的一面, 也许我必须选择放手。我会先保留这个想法, 看看几个星期以后会有什么感觉。

莉兹: 我没办法接受辞掉这份工作。一想到要放弃辛苦打拼来的一切, 我都快要疯了。但我也意识到情况永远不会好转, 我不能一直这样纠结下去。这些问题已经占据了我生活的全部。我希望能妥善地解决, 但我真的做不到。

桑德拉: 我认为彼得和我真的有机会改善我们的婚姻。如果有任何能维系我们家庭的方法, 我肯定愿意尝试。所以, 我会继续努力。尽管这个过程很折磨人, 但至少我的努力会有回报! 我想, 总体来说, 这段关系今后会让我感到满意。

在你做完去留的决定后, 会面临一个新的挑战: 如何让自己的生活一直远离煤气灯。无论你是努力想从内部改善一段煤气灯操控关系, 还是想要给它设限, 抑或干脆离开, 前面都还有新的任务等着你。在第 8 章中, 我会帮助你完成这些任务。

第 8 章

远离煤气灯

现在你已经明白了自己在煤气灯探戈里扮演的角色，学到了一些脱身的新方法，学会了怎样关掉煤气灯，而且很可能已经进行了一定程度的练习。你甚至可能已经做好了决定，是彻底离开你所处的煤气灯操控关系，尽可能地给它设限，还是从内部调整这段关系。

接下来怎么办？

　　第一步是确定你的目标。你是打算从内部调整这段煤气灯操控关系，保持现有的亲密程度，还是想要和对方变得更亲密？你是准备限制这段关系的接触频率，以便摆脱对方的煤气灯操控，还是铁了心要彻底离开？不管是什么，每一种选择都需要有不同的思维模式和行动方案。

如果你打算从内部调整煤气灯操控关系

　　从内部调整煤气灯操控关系可能是最具挑战性的选项——如果煤气灯操控已经持续了相当长一段时间，就更难了。因为你和你的煤气灯操控者已经建立起一种强大稳定的交流模式，如果你想改变这种模式，就必须做好打持久仗的准备。为了从内部调整煤气灯操控关系，你需要考虑以下建议。

要坚定自己的选择。切记，如果想让煤气灯操控的交往模式发生改变，唯一的方法是你去主动改变它。当然，只是你自己改变还不够，你的煤气灯操控者必须也愿意做出相应的改变。但如果你不先迈出第一步，让他改变几乎是不可能的。

要清楚自己的感受。只有一种方法可以让你在煤气灯操控关系里做出行为改变——时刻关注你自己的感受和反应。我的意思并不是让你的情绪支配你。我们都知道自己经历的焦虑、悲伤、愤怒或寂寞"只是一种感觉"，并不能反映我们生活的现状，就像我们也都经历过希望、激动和狂喜，但这未必是恋爱的真实状态一样。话虽如此，如果某种情绪挥之不去，仔细倾听它想向你传达的信息是很重要的。当两种反差很大的情绪同时存在时，尤其需要注意，比如希望和绝望、快乐和悲伤、焦虑和放松等。我们倾向于只关注好消息，忽略坏消息，尤其是当我们处在一段不想舍弃的关系中的时候。但如果你想让自己的生活远离煤气灯，你必须做到，好的坏的消息都接受。

要诚实地看到长远的变化。有时，我们在处理问题的过程中会意识到这个问题的存在，可一旦问题得到解决，就会把它抛诸脑后。在某些情况下，这可能是获得平静和快乐的强大秘诀，但如果你想让自己的生活远离煤气灯，要学着着眼于长远的计划。我建议你做一个月的记录。每天晚上，用只言片语总结你当天的经历，聚焦你所处的煤气灯操控关系。到了月末，把所有的记录都抄到一个包含"积极""消极"和"中立"三列情绪的表格里。看看哪一列最长，一整月的总体趋势是什么。你能否从这个表格里看出，在改变这段关系和你自己的进程中，你到底是取得了进步还是毫无进展？

要保持绝对的自律。煤气灯操控的互动模式往往根深蒂固，对当事双方都有很大的影响。如果你处在一段煤气灯操控关系里，尤其是当这段关系已经持续超过几个星期的时候，我保证，你们接下来都会受到多次诱惑，一不小心就回到原来的相处模式中。你也许没办法避开所有的诱惑，要是真能做到这点你就是超人了。但是你必须采用足够坚定的方法，向自己保证，一有机会就要改变自己以前的做法。（另外，就像我们在第 7 章里见到的，如果这个目标听起来太难实现，你可以选择离开这段关系，重新展开一段健康的关系。）

要对自己充分负责。我不是说你要为煤气灯操控者的行为，甚至为你们这段关系的后果负责。事实上，这正是你们煤气灯操控关系里的一个关键问题：双方都认为被操控者要对发生的一切负责。他迟到了三小时，反而怪你太"死板"，非得被一个时间表牵着鼻子走。他不告诉你最近的一笔家庭开销他花了多少钱，反而怪你太"苛求"、太"多疑"，什么都要问。他送了你一大堆你不太需要的礼物，反而怪你"缺乏激情""不愿意领情"，只会各种唠叨。所以，我不是建议你继续这种行为，事实上，我的建议完全相反！你要为自己在这段关系里扮演的角色负责，冷静地做出决定：如果你得不到想要的东西怎么办？如果他迟到了，不妨考虑别再等他。如果他拒绝透露你有权知道的财务信息，不妨考虑把你的钱从你们的共同账户里取出来。如果他总是送你不想要的礼物，不妨考虑把东西退还给他，或者退回店里。不要尝试改变他的行为，但也不要一味地被动接受。如果你觉得这个行为无法令你满意，那就接受这段关系不适合你的事实，然后决定你想怎么解决这个问题。

要对双方都有同情心。这种态度不仅是针对煤气灯操控者，更是针对你自己。你们都会犯错，都会表现得很糟糕，至少一定会有这样的时候。你不用忍受毫无止境的虐待，但如果你的煤气灯操控者再三对你发起攻击，你可以提醒自己：他可能也在受苦，而且程度可能比你还深。毕竟，他十有八九是在一个不健康的家庭环境里长大的，曾经也被人操控过，自己却无力改变，所以现在他不明白为什么你会有勇气说"不"。你也可以对自己保留充分的同情心，接受自己的脆弱，清楚自己有被关爱的需求，认识到自己身上也有很多缺陷，毕竟你只是个普通人。你的同情心不一定会改变你是走还是留的决定，但它肯定可以改变你对煤气灯操控者和你自己的态度。

如果你打算给煤气灯操控关系设限

有时，尽管意识到煤气灯操控行为不太可能真正结束，你依然会忠于你所处的这段关系，选择留下来。你和领导、同事、亲戚、老朋友，甚至是不愿离婚的配偶的关系，都可能属于这种类型。你可能还会得出结论：某些关系只要足够疏远就可以避免煤气灯操控。可一旦这些关系变得亲密，就一定会涉及煤气灯操控行为。如果你不想彻底切断这样的关系，但同时又想限制它对你的负面影响，你需要具备以下这些特质。

要善于分析形势。列出所有在这段关系里煤气灯操控行为最有可能发生的情形，比如家庭聚餐、和煤气灯操控者私下相处、年终总结会等。同样，列出会引发煤气灯操控行为的话题，以及一天、一周或一年中的高发时段。确认这段关系里你最需要回避的内容。如果无法回避，那就保护好自己。

要明确具体情况。通过分析决定这段关系中哪些接触需要减少，哪些接触可以接受。你只是想减少和这个人的相处时间以避免亲密接触吗？你是否打算限制某种类型的对话，比如不让领导提起私人话题，或者避免和某位朋友展开冗长、持久的讨论？你是希望只在人多的场合见这个人，还是倾向于一对一的交流？说到家人，某些家庭成员往往会触发煤气灯操控模式。你想在这样的场合避开你的煤气灯操控者吗？有时，当你和一个很难对付的人打交道的时候，假如有另一个人在旁边陪伴支持，情况可能会大不一样。你会觉得这样的安排有帮助吗？仔细考虑所有的情形，看看如何能让你设定的种种限制帮到你。

要有化解问题的创造力。我的来访者刚开始和我讨论如何设限的时候，经常很执着地跟我解释某件事为什么根本不可行。如果我建议换一种方法——她们之前没有想到的方法，她们就会惊讶地看着我，仿佛我刚刚施了魔法。很显然，我们的思维总是容易一成不变。如果每次去探望母亲，她都给你一些你吃不了的东西，你又不知道该如何拒绝，下一次不妨约她在博物馆见面，而不是在她家里。如果你的朋友总要提一些痛苦的话题，而你只想聊一些轻松的东西，也许你可以做一些"轻松日"的聊天券在下次聚会的时候交给她，然后开玩笑似的提出建议，某天当你们其中一个只想轻松畅聊、不想苦恼问题的时候，可以拿出来用一张。总之，在告诉你自己某件事情做不到之前，先看看能不能找到巧妙的方法来化解，而不是硬碰硬地不变通。

要既友善又坚定。之所以把这两点放在一起，是因为很多时候那些对设限感到困难的人认为这两个特质是对立的，而不像同一枚硬币的两面可以共存。当我们想维护自己设限的权力，但又不自觉地感到内疚或忧虑的时候，往往会夸大自己所处的形势。可能因为太焦急地渴望被倾听，我们会忘记以善待人。如果我们百分百地坚定自己的选择，完全可以自如地设限，相对来说就比较容易表现出友善。即使你对自己不自信，这个时候选择"假装自信，直到成功为止"也不失为一个好方法。提醒你自己，你有权对这段关系设定任何你想要的限制。然后，坚信你不会妥协，同时以尽可能温和善良的方式守住你的底线。

要坚持自己的决定。切记，是你主动提出改变，而你的煤气灯操控者可能希望一切维持原样，至少在刚开始的时候不想改变。这也就意味着你需要投入更多的精力，以确保得到你想要的东西，毕竟你知道过程中很有可能遭遇一定程度的抵抗。

要坚守自己的原则。坚守自己的立场是很困难的，如果你的煤气灯操控者奋起反抗，就更是如此。但是，如果你不设定你想要的限制，不传达始终如一的、坚定的信息，我保证，不出几个星期，这段关系就会回到原来的样子。如果你设定限制的目的是让这段关系得以继续，那么遵守原则（和承诺）这一点就格外重要。否则，这段关系可能恶化到你真的无法再留下的地步。

要对双方都有同情心。和之前一样，我希望你对煤气灯操控者和你自己都有一些同情心。毕竟你们谁都不是主动选择进入这样一个难堪的处境的，但是现在，事已至此，你们都在遭受痛苦，而且你们还会继续犯错。试着对自己多几分同情，即使在前行的道路上你可能要做一些艰难的决定。

如果你打算摆脱煤气灯操控关系

你可能已经做了决定，真正摆脱煤气灯操控的方法是彻底终结你所处的这段关系。又或者，你觉得煤气灯操控可能彻底摧毁了你对煤气灯操控者的感情，以至于你根本不打算再和他保持联系。如果你想彻底结束煤气灯操控关系，你需要具备以下这些特质。

要活在当下。即使一段关系已经不再让我们感到开心了，选择离开也是很痛苦的过程，而且我们还很容易把这种痛苦的感觉投射到将来的关系中。我们的不开心是那么真实、无处不在又无法抗拒。我们甚至想象不到自己有一天还会有其他感受。如果我们的恋爱史一直都很糟糕，我们可能会更加坚信自己再也不可能拥有美好的感情。还有，如果我们之前在煤气灯操控者身上投入了大量精力，我们可能只会关注自己失去了多少。唉，你可能需要经历所有这些痛苦的情绪，但你不需要把它们跟未来联系在一起。提醒自己，你只是现在不开心而已。未来和过去一样，充满了神秘和各种可能性。所以，活在当下，过好每一天，未来的事就随缘吧！

要乐于接受帮助。 不要尝试一个人解决问题。向你的朋友、你爱的人和你的家人寻求帮助。去看心理治疗师，上瑜伽课，开始练习冥想。总之，做能给你带来慰藉、平静、见解和共鸣的事情。我们的文化往往看重"坚持不懈""独立自主"这些特质，但是在这种情况下，我并不相信这样的做法能有什么作用。我认为在遇到麻烦的时候求助并接受帮助实际上会让我们变得更强大。如果你正尝试摆脱一段煤气灯操控关系，做一件很难完成的事，那么我向你致敬。你也应该向你自己致敬，然后张开双手，大方地接受他人的帮助。

要保持适度的耐心。 既然你在个人生活、职场生活或家庭生活中做出了重大的改变，你当然希望一切都很快有所好转。你可能希望和别人的关系或你的职业生涯得到显著改善。你也可能希望自己有长足的进步，变成一个不再被煤气灯操控的人。我可以向你保证，你已经在实现目标的道路上跨出了巨大的一步。但是改变肯定不会立刻发生。即使改变很快地发生了，你同样还会遇到新的挑战。所以，请保持呼吸，想想那堂瑜伽课，并保持充分的耐心。走到现在你可能已经消耗了毕生的力气，不妨在这个时刻多给自己一些时间静观其变。

要对双方都有同情心。 我知道我在每个方案的最后都提到了这个建议，那是因为我觉得无论你采取什么行动，这一点都至关重要。对煤气灯操控者表示同情可以有非常好的疗伤效果，对你自己表达同情就更是如此。别对自己说一些过分苛责的话，或让自己变得无情、记仇、冷漠。接受你已经尽力的事实，并给予自己该有的同情心。

调整你的回应

你已经对最紧迫的煤气灯操控关系采取了行动，怎样才能确保今后不会重蹈覆辙？关键在于不让他人来决定你的自我价值。只要你的内心深处还有一丝认为自己只有得到煤气灯操控者的认可才能提升自我，增强自信心，强化你在这个世界上的自我认知，你就只能是煤气灯操控者的待宰羔羊。所以，培养坚定、清晰的自我认知和价值观，对远离煤气灯操控非常重要。

下面是一些可以帮助你远离煤气灯操控的建议（长期有效）。

- 倾听你内心的声音（花时间做白日梦、散步、反思）。
- 写日记。
- 坚持和你信任的朋友聊天。
- 如果你很想投入一段煤气灯操控关系，先想想你信任的导师或学习榜样会说什么。
- 问问你自己：这位男士对我女儿、姐妹、母亲足够好吗？
- 练习积极的自我对话。诚实地告诉自己，你有哪些好的、令人钦佩的特质。
- 通过和精神层面的联结滋养自己。留出时间祈祷、冥想，或安安静静地和内心最深处的自我重新连接。

- 坚定你的价值理念，用你推崇的方式对待他人。

- 和肯定你精神世界的人待在一起。

- 相信"不"已经足够表达很多东西，多多使用这句话。

- 参加某种体育运动。

- 参加一门培养自信的课程，或领导力培训班，提高有效沟通、自我指导和谈判的技能。

- 只做你想做的事。如果你不喜欢，就说"不"。你会感受到坚定的力量。

- 好好利用这本书中的练习方法，它可以帮你厘清思路，强化你的情绪和精神。我们可以再想象一下那栋被栅栏环绕的美丽的房子，只有你有权力打开大门让别人进来（参见第 193 页）。每当你觉得自己开始动摇的时候，就练习让对的人进门，把错的人通通关在门外。请记住，你对谁能进门有至高的决定权，所以别让任何你感觉不对的人进来。向自己保证，你绝对不允许在这所房子里产生任何一段会让你觉得不舒服的对话。

思考未来

当你把目光着眼于没有煤气灯操控的未来时，我相信还有一个转变能帮你实现目标。你可以仔细看看煤气灯操控对你来说很有吸引力的地方，然后扪心自问，为什么这些会让你有如此大的执念。

就我的经验而言，我亲身经历过的煤气灯操控关系和我观察到的来访者、朋友及同事所处的煤气灯操控关系，往往都拥有一种非常强大的吸引力，而且它超越了我们已经讨论过的范畴。我们经常觉得煤气灯操控关系可以提供一些比其他互动更刺激、更有魅力、更特别的东西，同时这种关系引发的挑战也构成了它的魅力的一部分。

不妨再花点时间想想《煤气灯下》这部电影。宝拉（英格丽·褒曼饰）深深地爱上了格里高利，因为她相信他能为自己提供一个她毕生都在寻找的避风港，毕竟她这一生实在坎坷。早年丧失双亲，和姑姑相依为命，结果姑姑被人杀害，这在她幼小的心灵留下了难以磨灭的阴影。所有曾经照顾过她的人都相继离开，宝拉不得不去一个人生地不熟且语言不通的国家学习。在这样的情况下，她当然渴望拥有一份恋情来弥补失去亲人的痛苦，所以她对格里高利的情感需求格外强烈。她不但需要他爱她，还需要他来拯救她的生活。

我相信我们很多人选择进入某段关系的时候，比如爱情、友情、工作、家庭等，在心底都会有些"其他"想法。我们不但希望获得当下的情感联系，还希望这段关系能够帮助自己修补过去的经历。我们非常渴望得到某种照顾、理解和欣赏，而煤气灯操控者答应会把这些东西给我们。要知道，食物总是在你最饿的时候最好吃，而你对共鸣的"渴求"会让煤气灯操控者拥有救世主般的特质：他是那个独一无二的人，能让我们感觉完整，把我们从孤独里拯救出来，并让我们相信这个世界上终究是有人理解我们的。或者，他能够帮我们证明我们是健全的成年人，是招人喜爱的朋友。又或者，他能让我们知道我们对某人来说很重要，我们确实是好人等。无论我们渴望什么，煤气灯操控者似乎都能满足，而这会让开心的时光，或者对开心时光的承诺，比世间任何其他东西都更特别。我们可能也很享受自己能带给他相同体验的感觉。

然后，当我们考虑摆脱煤气灯操控关系、让自己的生活彻底远离煤气灯的时候，我们又不禁留恋那种特别的共鸣，不知道自己还有没有机会再次享受这种感觉。我们想知道下一任爱人会不会具有同样的吸引力，会不会成为我们的灵魂伴侣；下一位朋友会不会是"一辈子的挚友"，就像现在的这位煤气灯操控者一样；未来是否还能找到一份和现在一样让我们感到自己聪明能干、事业有成又魅力十足的工作；如果放弃某种家庭关系，即使和对方还有表面上的联系，生命里还会不会有其他人可以提供同样无限的爱和安全感。毕竟我们之前一直希望从那个人身上获得这些东西，而且可能有时也认为自己确实得到了。

所有这些问题的答案可能都是否定的。如果我们不再为了那种强烈的情感需求而去开启一段关系，那么新的关系就不会显得特别，因此也就很难让人感到满意。停止目的性需求而获得的解脱感可能比吃到美食的简单快乐更让人难忘。同样地，每天处在战斗状态、迎接生死抉择的挑战肯定比每天普通平凡的生活更刺激。如果我们总是不自觉地让自己情绪失落，或者总和难以捉摸的人打交道，又或者把私人和职业关系看成弥补过去伤害的机会，那我们就不能自如地活在当下，即便是再令人满意的人际关系、再具有挑战性的工作也不会让你觉得刺激、特别和美好。

　　所以，当你展望未来，想让生活远离煤气灯之际，好好考虑一下你是否真的愿意放弃内心这种"额外"的情感渴求。如果你不想放弃，那么即便你现在已经对煤气灯操控和你自己有了更多的了解，并且具备了一定的抵抗能力，你还是很有可能被吸引到其他煤气灯操控关系里。但如果你已经受够了整个情感生活都岌岌可危的状况，你也许能接受未来的关系没有那么刺激的事实，毕竟你更可能从中收获更深入、更长久的满足感。

　　这不是一件你必须立刻决定的事情，也可能不是一件刻意要做的事情。但我相信它是让你长期远离煤气灯的很重要的一个决定。所以，在你选择新的关系、新的工作时，请记住这一点。

客观看待事物

　　你已经尝试调整、限制或者摆脱了一段煤气灯操控关系，这时如果你想要跟另一个人发展恋人、朋友或同事的关系，可能会感到心有余悸。你也许会想："我怎么知道某个状况只是一个单纯需要解决的小问题，还是煤气灯操控的警报信号呢？"

　　确实，每段关系都有起伏。有时我们觉得自己不被倾听，也有时觉得自己被抛弃、被轻视、被忽略，这都很正常。一味地总想找到爱和理解的完美结合体，让我们一开始就很容易陷入煤气灯操控。所以，我们该如何区分普通的不完美和严重的问题呢？

　　如果你对这个问题有所顾虑，我有两个建议。

第一，从历史的角度来评估这段关系。思考一下，总的来说，你是否觉得自己是被倾听、被欣赏，且跟对方沟通交流是有效的？经过综合考虑，你是否觉得获得了自己想要的东西？单纯一件事放在整段关系中来看可能不怎么重要，但你是否经常会被忽视或被冷落？还是你觉得对方已经认真地倾听了你的需求，给了你足够的尊重？

第二，多进行自我审视，征询"空中乘务员"的意见。当你想到这段关系时，是感到喜悦、快乐和满足，还是焦虑、害怕和不安？你是觉得跌宕起伏——既有陷入爱河的兴奋，又有被虐待的痛苦，还是尽管你不喜欢伴侣、朋友、领导的某些方面以及他们对待你的某些方式，但是你觉得生活整体还算平稳，一直能体验到被欣赏、被肯定的快乐？

一些可能发出危险警示的"空中乘务员"

- 经常感到困惑或迷茫
- 做噩梦或不安的梦
- 记不清与煤气灯操控者之间发生的细节
- 身体预兆：胃部下沉、胸闷、喉咙痛、肠胃不适
- 当他打电话给你或他回到家时，你会感到恐惧或警惕
- 拼命想让自己或朋友相信自己与操控者的关系很好
- 忍受对方侮辱你的人格

- 值得信赖的朋友或亲戚经常对你表示担心
- 回避你的朋友，或拒绝与朋友谈论你跟操控者之间的关系
- 生活毫无乐趣

在我看来，当你和某个人交流时，如果你总是感到对方贬低你和你认为重要的东西，那你不妨相信自己的直觉，摆脱这段关系。即使你只是有些"过于敏感"，就像很多人担心自己是这种情况一样——即使这段关系从理论上来看没什么问题，关键是你太焦虑、爱挑剔或者要求高——你最好的选择可能还是摆脱这段关系，避免让自己如此抓狂，然后再去解决妨碍你享受这段关系的真正问题。控制自己对现实的认知，要求自己接受不真实的自己，这从来都不是一个好主意。即使问题真的出在你身上，你也应该努力解决问题，而不是无视自己的真实感受。

过上舒心的生活

对你的生活方式保持警觉也是远离煤气灯操控必不可少的一部分。你是想时刻纠结和男朋友、母亲或领导最近的一次争吵，还是想要过上舒心、充实、快乐的生活？煤气灯操控大量消耗了我们的精力、情感和精神。想办法把这些能量用在真正对我们有价值的目标和梦想上，这样可以帮助我们远离煤气灯操控。

新的可能性

我的来访者玛丽安娜和她的朋友苏处在一段煤气灯操控关系里。为了改变这段关系的相处模式，玛丽安娜付出了很多的努力。她们中间有一个月没有联系，现在玛丽安娜开始重启这份友谊，并且下定决心要做出改变。当苏试图展开一段冗长、痛苦的讨论时，玛丽安娜拒绝配合，只说了一句："你的担忧我都听到了，其他就没必要继续讨论下去了。"如果她因为和苏产生分歧而感到焦虑，或者看起来被苏误解了，她会强迫自己不去多想，而非向苏寻求安慰。如果她做了苏反对的事，也只是严格审视自己的行为，得出自己的判断，必要的时候选择道歉，然后继续往前看。她既不允许苏对她做出评判，也不指望苏原谅她的错误。

令玛丽安娜感到意外的是，她俩都比以前更珍惜这份友情了。尽管有时她们都会受到诱惑，想回到旧有的模式，但玛丽安娜一直坚定地选择回避煤气灯探戈，大多数情况下，她都成功了。她努力的回报使这份持久、稳定的友谊得以重建，这对她们两个来说都意义非凡，尽管她们之间的联系可能没有以前那么频繁，但确实不再那么消磨精力了。

桑德拉也成功改变了她和丈夫的关系。她和彼得开始花更多的时间做双方都很享受的事，而不是把时间耗在应尽的义务上。彼得出于某些原因始终觉得很难和桑德拉的家人相处，桑德拉发现当她同意彼得不去拜访她的家人时，很多压力都得到了释放。随着他们逐渐减少一起拜访桑德拉家人的次数，彼得也开始减少和自己家人共处的时间，结果，他看起来比以前开心多了，也平静多了。桑德拉意识到，彼得的母亲可能长久以来也在对他进行煤气灯操控，就像彼得对桑德拉做的那样。所以，减少和家人的接触在一定意义上对他们来说都是好事。

　　桑德拉也学会了改变自己的行为。她不再把对孩子的焦虑转嫁到彼得身上，因为那样会释放错误的信号，让彼得以为自己是一名不称职的父亲。她也把更多的时间留给了自己，在家庭以外的空间寻找快乐和慰藉，比如在乡间惬意漫步（不管有没有彼得），报名参加瑜伽课程，和朋友一起喝咖啡等。从一个更广泛的领域获得支持使桑德拉更容易选择退出与彼得的煤气灯操控关系，而这也使彼得更容易停止这种行为。尽管他们还有一些问题需要解决，但桑德拉对这段婚姻的前景感到非常乐观。她终于不再觉得麻木了！

　　而凯蒂就没有那么幸运了。在仔细审视了和布莱恩的关系后，她发现他们确实激发出了彼此最糟糕的一面。布莱恩充满攻击性和负能量的态度往往让凯蒂变得爱辩解、易焦虑、总是想要寻求关爱，而这些特质又进一步激发了布莱恩自身的不安和沮丧。凯蒂得出的结论是，他们两人永远不可能拥有一段幸福快乐、爱意满满的关系。他们总是会不自觉地踩到对方的"雷区"，所以他们永远会陷在煤气灯探戈里。她意识到，如果和布莱恩继续待在一起，她永远不会有持久的快乐；而如果她果断离开，至少她还有可能找到真正的幸福。

　　凯蒂和布莱恩分手之后，过了相当长一段时间才展开新的恋情。这主要是因为她想确定自己真的已经改变了对待男性和恋爱关系的态度。她发现自己之前的恋情有一个明显的模式：她选的男朋友一般都是很难与他人相处的那一类，因为他们会把她看成世上唯一理解自己的人。凯蒂当时对自己如此特别、如此被人需要的状况感到十分欣慰，但现在发现，这种亲密必然会促使男朋友产生强烈的占有欲，而且他们常常因为觉得自己被孤立而焦虑难安，因此特别容易对她发火。如果世上没有其他人能够理解他们，凯蒂自然就显得格外重要，而这给她带来了巨大的压力。

　　有一天，凯蒂在回顾自己的恋爱模式时对我说："如果我成功地抚慰了他的情绪，我会开心得仿佛登上了世界之巅；可如果失败了，我会觉得自己是世上最差劲的人。为什么我就不能让他开心呢？他这么依赖我，而我却辜负了他。我怎么这么糟糕？问题是，正因为我们都是这么不开心的人，我注定会失败，毕竟从来没有其他人让我们开心过。我就是天真地以为别人做不到的我一定能做到。但是我受不了总让自己失望的感觉。"

　　最终，凯蒂重新开启了一段新恋情，用她自己的话说，这段感情"没那么热烈，也谈不上什么灵魂伴侣"，但整体上来说让她更满意。她告诉我："我不用时时刻刻都想着威尔。在某种程度上，我有些怀念那种感觉，我还是会渴望那种'处在恋爱中'的感觉——你知道的，就是那种满脑子都是他，会不停想接下来会发生什么事的恋情。和威尔相处，我不需要多想，我知道无论发生什么，他始终都会在那里。有时我会觉得少了点什么，但总体来说，我非常开心。"

与此同时，莉兹也决定摆脱工作中的煤气灯操控关系。对她来说，这个转变尤其痛苦。她辛苦打拼才一步步爬到高层，就这样放弃，难免让她质疑自己的整个职业生涯。尽管理性地分析后莉兹知道，领导是个爱控制人的煤气灯操控者，在和自己的职场竞争中获得了胜利，但她还是有一种强烈的挫败感，觉得自己毫无价值。她不停地问我："这么辛苦地工作有什么意义？我为什么就不能处理好和领导的关系呢？"

在经历了几个月的痛苦挣扎之后，莉兹最终意识到，广告公司的这份工作在很多方面其实并没有那么适合她。她努力地追求职业成就，可能正是因为工作本身无法带给她很大的满足感。而她越感到不满足，就越努力工作，似乎想通过这种方式强行获得一直与自己无缘的满足感。被新领导排挤可能是压垮骆驼的最后一根稻草，在她经历了一系列的沮丧和失望后，终于不堪重负。

莉兹还在考虑接下来做什么。不用再处理不可能解决的问题，她现在的压力小了很多，有足够的精力四处看看，寻找和她的才能、价值和品位更加匹配的工作。最近她告诉我："我还不知道接下来会发生什么。但无论是什么，我都很期待。"

　　至于米切尔，他最终决定不和母亲断绝来往，但是会大大减少和她接触的频率。他打算只在有女朋友或其他朋友陪同的时候才去拜访母亲，这样一来，如果母亲又用轻蔑的口吻说话，起码有人为他提供精神支撑。他不再每周都去父母家聚餐，改成了每个月至少去一次。他和父母的关系依旧让他感到悲伤和愤怒，所以他一直还在跟这些情绪做斗争。

　　好的一点是，米切尔做完与家人相关的这些决定后，生活里的其他方面大有好转。他开始坚定地捍卫自己的权益，更敢于表达自己的感情，他和女友的感情也日渐加深。米切尔有生以来第一次在家庭以外的关系里获得了安全感。他还发现自己展现出了以前不曾有过的自信，并因此交到了一些新朋友。随着他的态度越来越坚定自信，他的研究生学业也越来越顺利。他的教授对他更加尊重，其中一位不仅成了他的导师，还为他提供了不少他以前错失的职业发展机会。尽管米切尔和母亲的关系还是没那么融洽，还是会让他感到难过，但关掉煤气灯让他在其他方面收获了满足。

　　现在，机会就摆在你面前：你可以让自己的生活远离煤气灯，进入一个全新的未来；你可以改善或摆脱一段不理想的关系，选择开启新的关系，继续滋养你的自我认知、活力和乐趣；你可以变成一个更强大、更坚定的人，可以掌握自己的命运，按自己的价值观生活。最重要的是，你可以找到自己真正想要的东西，无论是关乎工作、家庭生活、恋爱关系，还是关乎自己的内心。摆脱了煤气灯操控，你可以做出更好的、对自己来说更正确的选择。在你即将踏上生命中这段激动人心的新旅程之际，我衷心地希望你能收获更多的力量、勇气，以及世上所有的好运。

创建你的"情绪词汇表"

在煤气灯操控下，女性通常都会压抑自己的情绪，甚至完全忽略自己的情绪。如果你不清楚自己的情绪，你就错失了一个关键的能量来源，而这种能量原本可以帮你维护自己的权益，让你向煤气灯操控者和自己表明你希望得到怎样的对待。了解你的情绪能够帮助你获得能量，从而帮助你改善或摆脱煤气灯操控关系。

要了解自己当下的情绪，第一步是找到合适的词语进行表达。一份"情绪词汇表"显然能够帮助你和自己的情绪建立连接。接下来，当你要告诉煤气灯操控者你的感受以及你的需求时，你就有现成的词语可以拿过来用了。

请查看下表的词语，确认是否对自己适用。你能否增加一些可以描述你真实感受的词语？

被抛弃的	足够的	深情的
矛盾的	焦虑的	感恩的
糟糕的	无聊的	舒服的
自信的	有创造力的	好奇的
挫败的	沮丧的	依赖的
压抑的	绝望的	下定决心的
失望的	不满的	狂喜的
尴尬的	充满活力的	激动的
疲惫的	振奋的	害怕的
疯狂的	懊恼的	高兴的
好的	感激的	内疚的
开心的	充满敌意的	不满足的
无能的	独立的	迷恋的
低人一等的	缺乏安全感的	担惊受怕的
被孤立的	妒忌的	武断的
孤独的	可爱的	慈爱的
痛苦的	被误解的	求关注的
愤慨的	紧张的	乐观的
不知所措的	多疑的	愉快的
心事重重的	被拒绝的	如释重负的
心满意足的	惊讶的	害羞的
愚蠢的	迟钝的	震惊的
胆战心惊的	被阻止的	不耐烦的
感动的	受困扰的	不确定的
不自在的	局促的	暴力的
脆弱的	美好的	担忧的

找回自己的声音

你的真实感受是你为自己辩护、向煤气灯操控者清楚地表达你希望被怎样对待的主要动力。如果你不知道如何描述你的感受，甚至自己都说不出口，要理解自己的情绪就变得更困难。你可以试试下面这个练习，让它帮你接触内心的真实感受，进而学会用语言来描述这些感受。当你找到自己的声音时，你就可以勇敢地面对煤气灯操控者，带着全新的、足以改变你们关系的力量，清晰地和他交流沟通。或者你愿意选择终止这段关系也可以。

第一步

看看下面这些表述，是否能够形容你现在的感受。

- "我不知道我的感觉是什么。"
- "我感到麻木。"
- "我不知道我想要什么。"
- "我不知道什么会对我有帮助。"
- "我觉得好像有点儿怪怪的。"
- "我感觉不到什么情绪。"
- "我挺失落的。我不知道是什么原因。"
- "我就是对性爱提不起兴趣。"
- "我不再享受婚姻的乐趣。"
- "我的工作令我不太满意。"
- "我觉得自己不在状态。"
- "我始终很愤怒。"
- "似乎一切都让我觉得不爽。"
- "我已经没办法再开心下去了。"
- "我很沮丧。"

第二步

选一个你最感同身受的表述，把它单独写在一页纸上。然后从下面这些句子里任选一个，供第三步使用。

- 我有这样的感觉是因为_____。
- 这种感觉是从_____的时候开始的。
- 这种感觉还在继续，因为_____。
- 如果我的感觉不是这样，我会_____。
- 也许_____能够改变或停止这种感觉。
- 我现在最想要的是_____。

第三步

把你选的句子放到之前抄写的表述下面。给自己 15 分钟时间，强迫自己在这段时间里不停地写。你可以把句子补充完整，也可以写任何你想写的东西。在规定时间内一直不停地写就好。如果你不知道该写些什么，就反复抄写刚才的句子，或者其他句子，一遍又一遍。迟早，你的灵感会爆发。

如果你在 15 分钟里只是不停地抄写一样的话，第二天和之后的每天都继续做这个练习，直到你写出新的内容来。（每次做练习时，你可以选和之前不同的表述，或者和之前不同的需要补充的句子。）了解你的情绪，并把它们清晰地表达出来，这些都有助于你采取一些健康、积极的行动。

把你的感受画出来

清晰表达你的感受可以帮助你更好地了解这些情绪，并让你有勇气维护自己的权益。换个不同的方式，比如画画，也可以达到同样的效果。如果你觉得画画比说话舒服，不妨通过下面这个练习帮助自己厘清情绪，继而采取积极的行动，关掉煤气灯。

第一步

在一张空白的纸上写上"我的观点"。在这个标题下画一幅画，描绘你的处境，或者你和煤气灯操控者之间的问题。在另一张空白纸上列出"他的观点"，然后从他的角度出发，画一幅类似的画。

第二步

有时，给自己一定的时间消化情绪，看看它们对你有什么样的影响非常重要。所以，把两幅画放到一边，24 小时之后再拿出来看看。当你再看的时候，准备好另一张白纸，在纸上写下你再次看那两幅画时的想法和感受。也许这会给你带来新的观点，帮你发现隐藏在自己体内的坚定决心，继而采取行动，维护自己的权益。

　　这个练习能帮你更好地理解你所处的某段关系，这样你对自己该做什么决定也会有更清晰的认知。如果你可以在脑海里勾勒出这段关系的真实样貌，你就可以决定是留下还是离开，还是开始采取一些关掉煤气灯的行动。为了做出这些决定，你首先需要知道这段关系给你带来了什么样的感受。深入思考一下你们之间的关系，可以帮你找到答案。

　　如果你们当下的关系存在问题，回顾以前的情景可以帮助你看清问题的严重性。如果这段关系曾经很好，后来发生了变化，你可以想想：若改掉那些不足，保留好的方面是否可行？如果你认为这段关系一直让你感到不开心、沮丧或孤独，你也可以想想：指望它变好，是否现实？

　　想象未来可以帮你认清自己的真实感受，以及这段关系将给你带来的种种可能。你真的有机会让这段关系变得更好吗，还是你根本不敢想象自己会在这段关系里感受到开心呢？思考这些问题能够帮你早日做出是留是走的决定。同时，想象一个没有煤气灯操控的未来也能起到相同的效果。如果你更喜欢那样的未来，也许是时候离开了。

最后，评价你所处的关系能够帮你做出下一步的决定。也许你选择留下或离开，也许你想尝试关掉煤气灯，也许你想给这段关系设立一个时限：如果它在某个节点之前没有改善，你就重新考虑，采取新的行动。无论你如何选择，评价你所处的关系总是有助于你做出正确的决定。

思考眼前的这段关系

闭上眼睛，让自己想一想目前和煤气灯操控者之间的这段关系。你的脑海里会浮现出怎样的画面？你的心情怎样？你如何看待自己？你又如何看待他？不要停下来思量或评判任何画面、想法及感受。让你的思绪自由跳转，然后看看你会被带往何方。

想完以后，睁开眼睛，把下面的每一句话补充完整。没有字数限制。如果你愿意，也可以通过画画的方式表达你的想法。

- 我最喜欢我的煤气灯操控者的一点是_____。
- 我最不喜欢我的煤气灯操控者的一点是_____。
- 我看重我的煤气灯操控者身上的特质是_____。
- 我跟煤气灯操控者在一起的时候，我看重的自己的特质是_____。
- 当我对我的煤气灯操控者感到失望时，我希望可以改变__。
- 当我看到我们在一起时，最触动我的是_____。
- 我的"空中乘务员"告诉我_____。

- 在回答这些问题的时候，我感觉_____。
- 此刻，我的身体感觉_____。

思考这段关系的过去

现在，闭上你的眼睛，让自己想一想和煤气灯操控者的过去。你的脑海里会浮现出怎样的画面？你的心情怎样？你如何看待自己？你又如何看待他？还是那句话，不要反复思量或评判任何画面、想法及感受。让你的思绪自由跳转，看看你会被带往何方。

想完以后，睁开眼睛，把下面的每一句话补充完整。

- 我最喜欢我们过去的一点是_____。
- 我最不喜欢我们过去的一点是_____。
- 我希望可以从那段时间里找回的东西是_____。
- 我再也不想重复的经历是_____。
- 回看当时的他，我看到了一个_____的人。
- 回看当时的自己，我看到了一个_____的人。
- 当我看到我们在一起时，我看到了一对_____的情侣（或朋友、同事、母女等，如对方为女性，则将之前出现的"他"改为"她"）。
- 我的"空中乘务员"告诉我_____。
- 在回答这些问题的时候，我感觉_____。
- 此刻，我的身体感觉_____。

思考这段关系的未来

再次闭上眼睛，敞开心扉。让自己想一想和煤气灯操控者之间可能的未来是怎样的。如果下个月、明年、五年后你们还在一起，你的脑海里会浮现出什么样的画面？你的心情怎样？你的煤气灯操控者是你想共度时光的伴侣、朋友、同事或家人吗？最重要的是，你是自己最想成为的那个人吗？你是否在通往发挥自己的潜力、实现自己梦想的道路上享受着生活中的种种快乐？你觉得未来激动人心、充满可能性，还是对前景感到害怕、焦虑或遗憾？还是那句话，不要反复思量或评判脑海里的任何东西。你只要让自己想象未来就好，然后看看会想到什么。

想象完以后，睁开眼睛，把下面的每一句话补充完整。

- 想象中我最喜欢的未来是_____。
- 想象中的未来让我感到担忧的是_____。
- 我想成为的那个人是_____。
- 未来的这段关系会在_____方面帮助我成为那个人。
- 未来的这段关系会在_____方面阻止我成为那个人。
- 我的"空中乘务员"告诉我_____。
- 在回答这些问题的时候，我感觉_____。
- 此刻，我的身体感觉_____。

想象没有煤气灯操控关系的未来

最后一次闭上眼睛，敞开心扉。这次，想象一个没有煤气灯操控者的未来画面。下个月、明年、五年后，这段关系已经不存在了（或被大大限制）。你的脑海里会浮现出怎样的画面？你是怎样的心情？谁是你生命中最重要的人？你大脑里想的是什么？你的感觉如何？你在做什么？最重要的是，你是自己最想成为的那个人吗？还是那句话，不要思量太多或给予任何评判，任由自己轻松地想象一下没有煤气灯操控关系的未来。

想象完以后，睁开眼睛，把下面的每一句话补充完整。

- 想象中我最喜欢的未来是_____。
- 想象中的未来让我感到担忧的是_____。
- 我想成为的那个人是_____。
- 脱离（或处在被大大限制的）操控关系，会在_____方面帮助我成为那个人。
- 脱离（或处在被大大限制的）操控关系，会在_____方面阻止我成为那个人。
- 我的"空中乘务员"告诉我_____。
- 在回答这些问题的时候，我感觉_____。
- 此刻，我的身体感觉_____。

评估你们的关系

既然你已经仔细地考虑了你所处的煤气灯操控关系的过去、现在和未来，是时候评估一下这段关系——看看它是否适合你，今后又会如何发展。所以，拿起纸和笔，把下面的话补充完整。切记，想写多少就写多少，没有字数限制。

- 假设我要对我的"空中乘务员"——我最信赖的指引者——描述这段关系，我会听见自己说_____。
- 假设我的"空中乘务员"亲眼看到了我们的相处过程，他们见到的是_____。
- 想象出一个小孩，可以是弟弟或妹妹，也可以是其他关系亲密的小孩。想象着这个小孩日渐长大，也处在一段像我这样的煤气灯操控关系里。这个时候，我感觉_____。
- 自从我进入这段煤气灯操控关系以来，我感觉我更____。
- 自从我进入这段煤气灯操控关系以来，我感觉我不再那么_____。
- 当我考虑这段煤气灯操控关系对我的影响时，我感觉_____。

现在，再拿出一张新的纸，在中间画一条分割线，左侧写上："我可能想继续这段关系，因为……"右侧写上："我可能想放弃这段关系，因为……"然后分别把两侧的内容填写完整。如果你愿意，在接下来的几天里，当你想到了更多正反两面的观点时，再回来继续这部分练习。

最后，当你已经完成前面所有步骤的时候，再拿出一张纸，在最上边写下这句话："我是想继续待在这段关系里，还是想离开？"然后在下面的空白处用你喜欢的方式回应一下，可以是词语、图画、句子，或者是一些符号。当然，你也可以空着，什么都不填，只是静静地看着这句话。给自己足够的时间思考这个问题，直到你觉得有了正确答案为止。

抗压 & 抗抑郁食谱

在煤气灯操控关系里苦苦挣扎的人经常会受到压力和（或）抑郁的困扰。在你努力搞清楚状况、思考如何应对的过程中，照顾好自己是非常重要的。你可以咨询营养师，也可以试试下面这个抗压、抗抑郁食谱，它或许能够帮助你更清晰地思考，给予你更多的力量。

- 一日三餐，外加两次零食。如果血糖低了，你会感到困惑、无助，所以至少每隔 3 个小时吃点东西，以便保持良好的精神状态。确保每顿饭和每次零食都能吃一些含有优质蛋白的食品，比如瘦肉、鱼、蛋、低脂乳制品或豆腐。

- 吃大量的全谷物食品、豆类食品、低脂乳制品、新鲜水果和蔬菜。谷类食品、豆类食品和乳制品能够帮助大脑产生血清素以及一些能够帮助你抵抗抑郁、增强自信、给你力量的重要的激素。新鲜水果和蔬菜则为大脑提供关键的维生素和矿物质，让你可以清楚地思考。

- 确保摄入足够的 Omega-3 脂肪酸。Omega-3 脂肪酸在鱼类和亚麻里比较常见。相关研究发现，它可以非常有效地抵抗抑郁症状。与此同时，它辅助产生的激素会提升你的自信心，让你感到充满希望，并且拥有更多力量。

如果需要更多饮食方面的帮助，我建议你看一看亨利·埃蒙斯和雷切尔·克兰兹合著的《快乐的化学因子》，以及凯瑟琳·德斯·梅森斯的《土豆不是百忧解》。

抗压 & 抗抑郁补充剂

下面这些补充剂可以帮助你的大脑产生对抗压力和抑郁所需的化合物和激素，还能帮助你更清楚地思考。

- 每天摄入一定量的优质复合维生素 B，其中至少包括：
  - 10~15 毫克维生素 B_6
  - 400 微克叶酸
  - 20~100 微克维生素 B_{12}
- 每天摄入 1000~3000 毫克的鱼油
- 每天摄入两次 120~250 毫克的维生素 C
- 每天摄入 400 毫克的维生素 E，随餐服用
- 每天摄入 25 000 国际单位的 β–胡萝卜素，通过混合类胡萝卜素补充剂摄入
- 每天摄入 200 微克硒

如果你没有服用抗抑郁药，你可以每晚添加 50 毫克的 5-羟色胺。这种补充剂会帮助你的大脑产生血清素，这种激素具有催眠作用，还能帮你建立自尊，缓解焦虑。如果几天内没有任何副作用，可以将剂量增加到每晚 150 毫克，或者每天服用 3 次，每次 50~100 毫克。

警告：如果你正在服用处方抗抑郁药，就不要服用 5-羟色胺，也不要为了服用 5-羟色胺而停止服用处方抗抑郁药。如果你正在接受医生的抑郁症治疗，在服用 5-羟色胺之前请咨询医生。

如果需要更多补充剂方面的帮助，我同样建议你看一看亨利·埃蒙斯和雷切尔·克兰兹合著的《快乐的化学因子》，以及凯瑟琳·德斯·梅森斯的《土豆不是百忧解》。

保证充足睡眠，积蓄能量，改善情绪

睡眠很重要，压力大的时候更是如此。你需要动用一切资源来对抗煤气灯操控，所以请确保每晚至少睡足 8 小时。如果你很难入睡，或者睡眠很浅，可以试着养成一个在睡前平缓情绪的习惯；避开咖啡因和其他刺激性食物，不要饮酒，哪怕白天也是如此；睡前一小时左右吃一份相对健康的碳水化合物点心（比如牛奶、水果、坚果、麦片、全麦面包或糙米），或者服用一些天然的助眠剂，比如缬草或褪黑素。

大多数美国人都睡眠不足，他们每晚的实际睡眠时间比自己身体需要的起码少一小时。改善睡眠模式会增强你的能量，使你能够更清楚地思考，然后采取新的行动。但是，如果你每天的睡眠时间超过 10 个甚至 11 个小时，你也要把它缩短到八九个小时。有时，过度睡眠会加重抑郁，造成反应迟缓和身体倦怠的情况。

坚持锻炼，积蓄能量，改善情绪

锻炼带来的好处是巨大的。它可以释放你的压力，产生有益于脑健康的激素，改善睡眠，并逐渐增强自主和自尊意识。试试每天给自己留出至少 15 分钟时间做有氧运动，轻快地散步就可以。如果可能，每天走 30 分钟，每周 5 天。如果这对你来说是个不可能达到的目标，可以先从比较小的目标开始。哪怕每天只走 5 分钟也会让你的感觉变好一些。如果你已经在定期锻炼，那就再好不过了！这是你在平衡大脑化学反应、保持情绪稳定和自我认知的道路上跨出的积极的一步。

了解你的激素周期和抗抑郁药物

我们的身体和大脑化学很大程度上会影响我们的情绪，所以我建议你多多注意饮食、锻炼、睡眠和其他会影响情绪的身体因素。你也可以思考一下激素是如何影响精神和情绪状态的。有些女性在经期前或排卵期的情绪波动较大，而这些时候，你往往对改变自己的处境感到特别绝望，或极其迫切地想做出改变。处在激素的不同周期，你可能会对是否要做出改变摇摆不定。很多女性在绝经前和更年期会产生较大的激素波动，经历特别强烈的情绪变化。

如果你感觉激素失调让你更难看清楚自己的处境，可以向内科医生求助，或者咨询使用非传统治疗方式的专业人士。医生可以开激素替代物或其他类型的补充剂处方。自然疗法医师、营养学家或草药治疗师（包括很多中医针灸医生和印度草药疗法的专科医生）会建议你服用某些有助于调节激素的天然产品。

如果你觉得自己大脑混沌、情绪紊乱，你可以考虑找内科医生或精神科医生开些抗抑郁药。当然，只吃抗抑郁药肯定不行，必须同时结合有助于大脑健康的饮食和运动，就像我前文提到的那些。抗抑郁药必须在医生的指导下服用，而且绝不能作为长期的解决办法。但它们确实能给你带来一些短期的喘息空间，让你有机会带着更强大、更乐观的态度感受生活。常见的一些抗抑郁药——一种选择性血清素再摄取抑制剂，比如西酞普兰、氟伏沙明、帕罗西汀、左洛复、百忧解等，确实有助于提升自信心，特别是对长期抑郁症患者而言，这在很多案例中都得到了证实。

致　谢

　　感谢我在生命的不同时期遇到的每一个人，正是他们的友谊、启发、对话、支持和合作为我的创作奠定了扎实的基础，这本书才能顺利问世。

　　我很庆幸能结识我优秀的经纪人理查德·派恩，2007 年他为本书命名，如今又别具慧眼地提出这本书是时候再版了。感谢我的合作者，已故的雷切尔·克兰兹，感谢她一直坚信这部作品的重要价值，感谢她的创意、技巧和智慧！感谢我的好编辑艾米·赫兹和克里斯·普奥波罗，多年来我们早已成为朋友，感谢她们自始至终都对这部作品充满信心。感谢皇冠出版社的戴安娜·巴罗尼和阿丽斯·戴蒙德，是她们认识到再次发行这本书的必要性，并促成这一愿望落地。感谢莱斯·莱诺夫，他用独到的视角和卓越的见解指导我完成了相关资料的翻译，让更多的读者了解到精神分析的概念。还要感谢弗兰克·拉赫曼，是他帮助我理解了我们内心拥有的那股能够摆脱煤气灯操控的真正力量。

　　感谢我在研究生心理健康中心的老师和导师，尤其是曼尼·夏皮罗（当然还有夫人芭芭拉），他是我多年的良师益友，还有马蒂·利文斯顿、杰弗里·克莱因伯格和艾尔·布洛克。

感谢伍德哈尔学院的所有女性，尤其是我的挚友温德·雅格·海曼和海伦·丘尔科。感谢琼·芬丝维尔在西苑提供的早餐。感谢娜奥米·沃尔夫鼓励我写这本书，并倡导女性获得心理自由。感谢埃里卡·钟、卡拉·杰克逊·布鲁尔、塔拉·布拉科、珍妮弗·琼斯、利阿特·格兰尼克、梅丽莎·布拉德利、吉娜·阿玛罗、苏珊·凯恩、乔伊·贾格尔·海曼和珊·贾格尔·海曼。感谢所有敲开我们的大门、历经全新的救赎、继续实现人生梦想的年轻女性——感谢你们选择同我们一起踏上自我治愈的旅程。

自本书首次出版以来，许多优秀的人走进了我的生活，成为我"永远"的朋友和同事。我非常感谢耶鲁大学情绪智力中心的每一位成员和每一位我们的支持者，他们的精神、远见和热情让"每天努力改变世界"变成一件快乐的事，尤其是我们的中心主任、我的同事兼挚友马克·布拉克特和他的家人。感谢我最亲爱的霍拉西奥·马尔基内斯、艾琳·克雷斯皮、艾琳·索利斯·毛雷尔和埃斯姆，这是我的又一个大家庭。

感谢我们情绪智力中心大家庭的全体成员：我的写作伙伴和挚友戴安娜·迪维查，当然也少不了阿尔琼·迪维查，我们的良师益友查理·埃利斯，我们的创始人彼得·萨洛维，我们的启蒙者、已故的马文·毛雷尔，以及我们众多的朋友和支持者，尤其是安迪·法斯和帕特里克·蒙德特。还要感谢致力于情绪智力和社会情绪能力研究的同人，他们以各自的方式不断丰富这个领域的认知，他们是卫·卡鲁索、丹·戈尔曼、理查德·博雅兹、凯里·切尔尼斯、莫里斯·埃利亚斯、琳达·布鲁内·巴特勒、汤姆·罗德里克、帕姆·西格尔、马克·格林伯格、蒂什·詹宁斯和约翰·佩尔利特里。还要感谢戴安娜和乔纳森·罗斯为我们提供空间和场地，让我们能顺利地进行基础性对话。

感谢与我共事、不断充实我的生活的所有人，尤其是凯瑟琳·李、佐拉娜·普林格尔、邦妮·布朗、夏琳·沃伊斯，以及在耶鲁大学工作期间结识的更多出色的同事和朋友，他们是约亨·门格斯、温迪·巴伦、吉姆·哈根、凯西·希金斯、爱丽丝·福里斯特、伊莱恩·齐默尔曼、史蒂文·埃尔南德斯、维平·特克、艾莉森·霍尔泽、米歇尔·卢戈、德娜·西蒙斯、丹妮卡·凯利、克劳迪娅·桑蒂-费尔南德斯、温迪·巴伦、吉姆·哈根、尼基·埃尔伯森、玛德琳·查菲、克莱格·贝利、杰西卡·霍夫曼、塞斯·华莱士、格雷斯·卡罗尔、梅拉·沃特斯、伊丽莎白·奥布莱恩、丹·科尔德罗、丽莎·弗林、埃里克·格里高利、劳拉·科赫和苏珊·里弗斯。特别感谢我的同事兼好友安德烈斯·里奇纳和玛丽亚姆·科兰吉多年来为我牵线搭桥、联系往来。感谢我亲爱的同事兼挚友劳拉·阿图西奥和安德烈·波特罗将我们的成果带去意大利。

非常感谢凯蒂·奥伦斯坦，以及2014"耶鲁大学公共之声"团队为我们提供的学习机会，让我们有幸了解到如何将诊疗室和学术界关注的重要议题传播给公众。

感谢斯米洛癌症医院和耶鲁纽黑文医院的同事，他们一直秉持着"富有同情心的沟通很重要且关乎人们身心健康"的理念，尤其是凯茜·莱昂斯、罗伊·赫布斯特、凯瑟琳·莫斯曼，还有斯米洛癌症医院第八肿瘤科的护士和患者护理专员，以及肿瘤科的医生领导。特别感谢道恩·卡皮诺斯和菲利普·格罗弗。

深深感谢现在及过去与我在脸书共事的同事和朋友，尤其是阿图罗·贝哈尔、杰米·洛克伍德、尼基·斯陶布利、凯利·温特斯、艾米莉·瓦切尔和安提戈涅·戴维斯，是他们在冷漠的数字世界引发大家对情绪智力和共情的关照。还要感谢至善科学中心的达切尔·凯尔特纳和埃米莉安娜·西蒙·托马斯。

感谢星要素情绪智力与领导力培训中心（Star Factor）的所有教练员，是他们用奉献精神和灵感智慧影响和改变了他们所处的地区和学校。特别要郑重感谢多洛雷斯·埃斯波西托，是她率先在纽约市发起了这一系列培训。当然，还要感谢我的挚友珍妮特·帕蒂，她让我们的构想熠熠生辉，绽放出更大的价值。

感谢重生项目（Project Rebirth）的全体工作团队，尤其是布莱恩、海伦·拉弗蒂、吉姆·惠特克、杰克·德·戈亚，以及富有同情心且口才流利的考特尼·马丁，感谢他跟我合作编写了这本书。我诚挚地感谢所有向我们敞开心扉、分享故事的朋友。

感谢心理韧性（Inner Resilience）的整个培训师团队——卡梅拉·伯汉、琳恩·赫德·普莱斯、玛莎·艾迪——多年以来一直关爱我们的内心世界，当然还有我的朋友、导师琳达·兰蒂埃里，正是因为她的远见卓识，才有了这个培训团体，治愈了成千上万的人。

感谢克雷格·理查兹让我领略到他们的前沿研究，感谢尼科尔·林佩罗普洛斯和布莱恩·帕金斯，感谢纽约大学夏季校长学院 (Summer Principals Academy) 的每一位成员，尤其是每周五晚精彩女性 (Wonderful Women Friday) 的团队成员——道恩·德科斯塔、伊夫·莱纳德、凯莉·列侬、莎拉·谢尔曼和阿希纳·贝兹。

感谢我因丈夫弗兰克结识的这么多出色的朋友和家人，包括表亲，米吉和卢·米勒、丽莎和比尔·拉黑、玛丽和约翰·德鲁希、卢恩和瑞秋、塔克·哈丁、西比尔·戈登和奇普·怀特、凯文·格里芬、比尔和弗兰西·舒斯特、加德纳·邓南和弗朗西斯·苏格、迈克和蒂乌·法兰克福、佩·特·奥恩、朱厄内尔·戴维斯。特别是特雷莎·冈萨雷斯，当然还有我们共同的家人——尼科·莫雷蒂、安东尼奥·莫雷蒂和琪琪·姆瓦里亚。

向我多年来的朋友致敬，我们之间那些触及灵魂、意义非凡的对话加深了我对自我发现和人际沟通的理解。感谢扬·罗森伯格、琼·芬克尔斯坦、珍妮特·帕蒂、琳达·兰蒂埃里、贝里尔·斯奈德·特罗斯特、玛德莱娜·贝利、苏茜·爱泼斯坦、罗宾·伯恩斯坦、肯尼·贝克尔、唐娜·克莱因、玛丽莲·戈德斯坦、朱莉·阿佩尔、希拉·卡茨、希拉·埃利希、特里普和帕蒂·埃文斯、罗伯特·谢尔曼、帕梅拉·卡特、雅伊尔·文德、埃拉娜·罗伯茨、乔莉·罗伯茨、朱利安·艾萨克斯、吉姆·菲菲、比利·齐托、史蒂芬·鲁丁、苏珊·柯林斯和安迪·卡普洛，还有我无话不谈的表姐妹，已故的莫娜·范克里夫、谢丽尔·菲勒、莱斯利·斯本和泰莉·雅戈达。

感谢那些一直都憧憬世界变得更美好的同事，是他们每天都在激励鼓舞着我，尤其是危机短信热线（Crisis Text Line）的南希·卢布林、行动有我（I'll Go First）的杰西卡·明哈斯、平等思考（Think Equal）的莱斯利·乌德温、果酱娱乐（JellyJam Entertainment）的丹尼斯·丹尼尔斯、女性智慧（HerWisdom）的娜奥米·卡茨和无瑕基金会（Flawless Foundation）的珍妮·弗兰科里尼。

向我所有的来访者和学生致以最深的谢意，感谢他们坦诚地与我分享他们的想法和感受，交流自己的梦想和经历过的挑战，他们都是我人生路上最重要的老师。

衷心感谢拉里·赫西和伯蒂·布雷格曼对我家人的悉心照顾。感谢治愈中心全体团队，尤其是苏珊·考夫曼和丽莎·西格尔。感谢恩里克·米歇尔。

感谢一路以来爱我、养育我、相信我、支持我的父母罗兹和戴夫·斯特恩，如果他们知道有这么多人通过阅读《煤气灯效应》得到了帮助，一定会倍感欣慰。感谢我已故的丈夫弗兰克，感谢他在我写作的过程中，一直满怀热情地在我身边支持我，一切尽在不言中。

当然，我还要感谢带给我爱和欢笑的家人：埃里克、杰奎、贾斯汀、切尔西、丹尼尔、朱莉娅，还有早已亲如一家人的莱妮、扬、比利，当然还有莉娜和丽莎。特别感谢我的两个好孩子斯科特和梅丽莎，他们照亮了我生活中的每一天。

煤气灯效应

作者 _ [美] 罗宾·斯特恩 (Robin Stern)

译者 _ 郑文文

编辑 _ 石敏　　美术指导 _ 吴不累　　主管 _ 王光裕

技术编辑 _ 顾逸飞　　责任印制 _ 杨景依　　出品人 _ 毛婷

营销团队 _ 石敏 魏洋 礼佳怡 张艺千

果麦

www.goldmye.com

以 微 小 的 力 量 推 动 文 明